国家职业技能等级认定培训教程
国家基本职业培训包教材资源

电梯安装维修工

（初级）

编审委员会

主　任　刘　康　张　斌
副主任　荣庆华　冯　政
委　员　葛恒双　赵　欢　王小兵　张灵芝　吕红文　张晓燕　贾成千
　　　　高　文　瞿伟洁

本书编审人员

主　编　金新锋　钟晓东
副主编　章　敏　蔡勇强
编　者　高福明　韩　霁　陆晓春　林　正　赵尔汉　冯冠君　霍龙达
主　审　王　锐
审　稿　戴勇磊　王勤锋

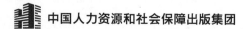 中国人力资源和社会保障出版集团

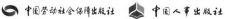 中国劳动社会保障出版社　　中国人事出版社

图书在版编目（CIP）数据

电梯安装维修工：初级／中国就业培训技术指导中心组织编写 . -- 北京：中国劳动社会保障出版社：中国人事出版社，2020

国家职业技能等级认定培训教程

ISBN 978-7-5167-4517-5

Ⅰ . ①电… Ⅱ . ①中… Ⅲ . ①电梯－安装－职业技能－鉴定－教材②电梯－维修－职业技能－鉴定－教材 Ⅳ . ①TU857

中国版本图书馆 CIP 数据核字（2020）第 143542 号

中国劳动社会保障出版社
中国人事出版社 出版发行

（北京市惠新东街 1 号 邮政编码：100029）

*

三河市华骏印务包装有限公司印刷装订 新华书店经销

787 毫米 ×1092 毫米 16 开本 11.25 印张 183 千字

2020 年 10 月第 1 版 2020 年 10 月第 1 次印刷

定价：**45.00 元**

读者服务部电话：（010）64929211/84209101/64921644

营销中心电话：（010）64962347

出版社网址：http://www.class.com.cn

前　言

　　为加快建立劳动者终身职业技能培训制度，大力实施职业技能提升行动，全面推行职业技能等级制度，推进技能人才评价制度改革，促进国家基本职业培训包制度与职业技能等级认定制度的有效衔接，进一步规范培训管理，提高培训质量，中国就业培训技术指导中心组织有关专家在《电梯安装维修工国家职业技能标准（2018 年版）》（以下简称《标准》）制定工作基础上，编写了电梯安装维修工国家职业技能等级认定培训教程（以下简称等级教程）。

　　电梯安装维修工等级教程紧贴《标准》要求编写，内容上突出职业能力优先的编写原则，结构上按照职业功能模块分级别编写。该等级教程共包括《电梯安装维修工（基础知识）》《电梯安装维修工（初级）》《电梯安装维修工（中级）》《电梯安装维修工（高级）》《电梯安装维修工（技师　高级技师）》5 本。《电梯安装维修工（基础知识）》是各级别电梯安装维修工均需掌握的基础知识，其他各级别教程内容分别包括各级别电梯安装维修工应掌握的理论知识和操作技能。

　　本书是电梯安装维修工等级教程中的一本，是职业技能等级认定推荐教程，也是职业技能等级认定题库开发的重要依据，已纳入国家基本职业培训包教材资源，适用于职业技能等级认定培训和中短期职业技能培训。

　　本书在编写过程中得到杭州职业技术学院、浙江省特种设备科学研究院等单位的大力支持与协助，在此一并表示衷心感谢。

中国就业培训技术指导中心

目 录 ■ CONTENTS

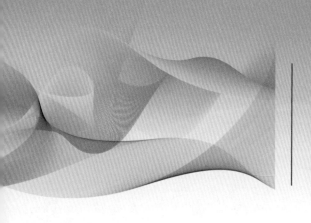

职业模块 ❶
安装调试

内容结构图

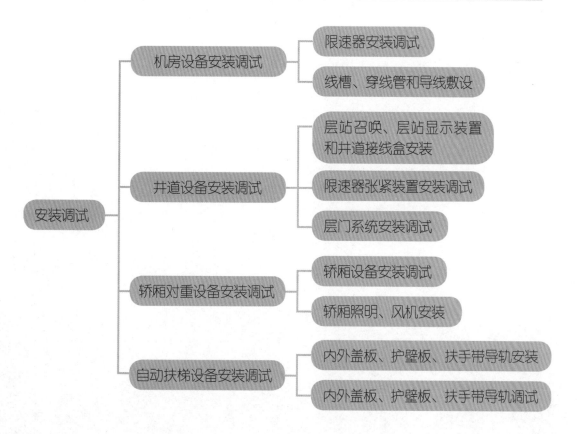

- 安装调试
  - 机房设备安装调试
    - 限速器安装调试
    - 线槽、穿线管和导线敷设
  - 井道设备安装调试
    - 层站召唤、层站显示装置和井道接线盒安装
    - 限速器张紧装置安装调试
    - 层门系统安装调试
  - 轿厢对重设备安装调试
    - 轿厢设备安装调试
    - 轿厢照明、风机安装
  - 自动扶梯设备安装调试
    - 内外盖板、护壁板、扶手带导轨安装
    - 内外盖板、护壁板、扶手带导轨调试

培训项目 ❶

机房设备安装调试

培训单元 1　限速器安装调试

培训重点

了解限速器的结构

熟悉限速器的种类与工作原理

熟悉限速器的动作速度范围

能够进行限速器的安装调试

知识要求

一、限速装置的结构

限速装置是防止轿厢或对重装置超速、意外坠落的安全设施之一。

限速装置由限速器、钢丝绳、张紧装置三部分构成，如图 1-1 所示。根据电梯安装平面布置图的要求，限速器一般安装在机房内（在无机房和小机房电梯中，限速器则安装在井道内）；张紧装置位于井道底坑，用压导板固定在导轨上；钢丝绳把限速器和张紧装置连接起来。

限速器能够反映轿厢或对重的实际运行速度，当速度达到极限值时（超过允许值）能发出信号及产生机械动作，切断控制电路或迫使安全钳动作。当轿厢

（对重）超速运行或出现突发情况时，安全钳能接受限速器操纵，以机械动作将轿厢强行制停在导轨上。

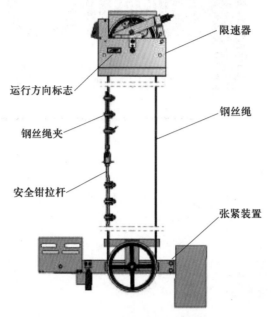

图1-1 限速装置的传动系统

二、限速器的种类

限速器按其动作原理可以分为摆锤式和离心式两种。

1. 摆锤式限速器

如图1-2所示是下摆锤式限速器，其工作原理是：利用绳轮上的凸轮在旋转过程中与摆锤一端的滚轮接触，摆锤摆动的频率与绳轮的转速有关，当摆锤的振动频率超过某一预定值时，摆锤的棘爪进入绳轮的止停爪内，从而使限速器停止运转。如图1-3所示是上摆锤式限速器，其动作原理与下摆锤式限速器基本相同，它增加了超速开关，超速开关是在止停爪动作之前动作的，先切断控制电路，再使机械动作。

2. 离心式限速器

如图1-4所示为离心式限速器，按其结构不同可分为两类，即甩锤式（刚性及弹性，见图1-4a、b）和甩球式（见图1-4c），它们又分别分单向和双向。电梯的实际速度是通过限速器甩锤或甩球旋转所产生的离心力大小来体现的。

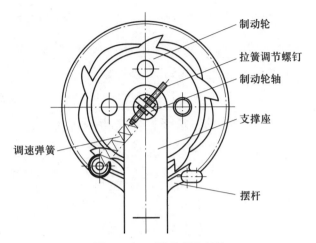

图 1-2 下摆锤式限速器

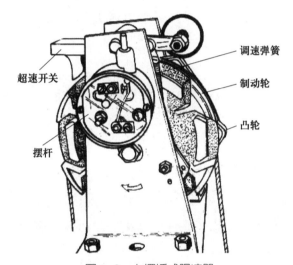

图 1-3 上摆锤式限速器

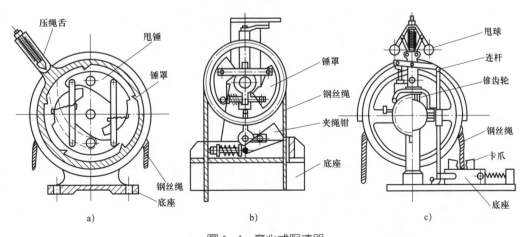

图 1-4 离心式限速器

a）刚性甩锤式限速器 b）弹性甩锤式限速器 c）甩球式限速器

（1）甩锤式限速器的工作原理。刚性甩锤式限速器的甩锤装在限速器绳轮上，电梯运行时，轿厢通过钢丝绳带动限速器绳轮转动。轿厢运行速度加快时，甩锤的离心力增大，运行速度达到额定速度的115%以上时，甩锤带动锤罩一起动作，推动绳轮、拨叉、压绳舌往前一定角度后，把钢丝绳卡在绳轮槽和压绳舌之间，使钢丝绳停止移动，从而把安全钳的楔块提起来，把轿厢卡在导轨上。

（2）甩球式限速器的工作原理。甩球式限速器设有超速开关，当电梯运行时，通过钢丝绳带动限速器的绳轮运行，绳轮通过锥齿轮带动甩球转动，随着轿厢速度的增加，甩球的离心力增大。当轿厢运行速度达到触发超速开关动作的速度时，杠杆系统使开关动作，切断电梯的控制回路。若电梯继续加速行驶，达到其额定速度的115%时，离心力增大的甩球进一步张开，通过连杆推动卡爪动作，卡爪把钢丝绳卡住，从而引起安全钳动作，把轿厢卡在导轨上。

一般来说，甩锤式限速器应用在低速电梯上，甩球式限速器应用在高速电梯上。

三、限速器的动作速度范围

无论哪一类限速器，其主要性能基本相似，限速器的动作速度是其主要的技术参数。操纵轿厢安全钳的限速器动作应发生在速度至少等于额定速度（v）的115%，但应小于下列各值。

- 对于除了不可脱落滚柱式以外的瞬时式安全钳为 0.8 m/s。
- 对于不可脱落滚柱式瞬时式安全钳为 1 m/s。
- 对于额定速度小于或等于 1 m/s 的渐进式安全钳为 1.5 m/s。
- 对于额定速度大于 1 m/s 的渐进式安全钳为 $\left(1.25v+\dfrac{0.25}{v}\right)$ m/s。

注：对于额定速度大于 1 m/s 的电梯，建议选用接近第 4 项规定的动作速度值。

限速器是电梯速度的监控元件，应定期进行动作速度校验，对可调部件调整后应加封记，确保其动作速度在安全规范规定的范围内。

技能要求

限速器安装调试

操作准备

1. 设备材料要求

限速器及限速器电气超速开关。

2. 主要工具

电钻、膨胀螺栓、墨斗、线坠、钢板等。

3. 作业条件

（1）作业现场能提供 220 V 交流电源。

（2）作业现场已预留限速器绳孔并符合图纸要求。

（3）作业人员必须穿好工作服、防护鞋，戴好安全帽等，做好个人防护。

4. 安装技术要求

（1）限速器安装位置偏差一般建议不大于 3 mm，限速器绳轮的垂直度一般建议不大于 0.5 mm。

（2）限速器安装完成后，限速器钢丝绳到主导轨工作面两个方向的偏差（垂直度）一般建议不大于 10 mm。

（3）限速器动作时，限速器绳的张力不得小于安全钳起作用所需力的两倍或 300 N。对于只靠摩擦力来产生张力的限速器，其槽口应经过附加的硬化处理或有一个符合 M2.2.1（GB 7588 附录 M）要求的切口槽。

（4）对重（或平衡重）安全钳的限速器动作速度应大于规定的轿厢安全钳的限速器动作速度，但不得超过 10%。

操作步骤

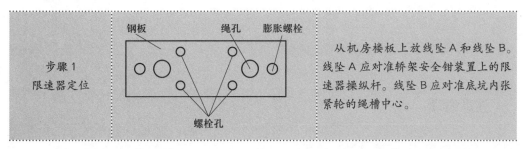

步骤 1 限速器定位	钢板　绳孔　膨胀螺栓 螺栓孔	从机房楼板上放线坠 A 和线坠 B。线坠 A 应对准轿架安全钳装置上的限速器操纵杆。线坠 B 应对准底坑内张紧轮的绳槽中心。

续表

步骤 2 螺栓孔布置		根据图纸要求使用电钻钻相应大小的膨胀螺栓孔。
步骤 3 限速器安装	 安装在楼板上	限速器安装在机房楼板上时，应使用预埋螺栓或膨胀螺栓紧固在混凝土基础上。混凝土基础应大于限速器底座边 25～40 mm，也可用厚度不小于 12 mm 的钢板作为基础与楼板固定。
	 安装在钢板上	限速器安装在钢板上时，可在其底座设一块钢板作为基础板，基础钢板与限速器底座用螺栓固定，与承重梁用螺栓或焊接固定。
步骤 4 限速器垂直度测量		使用线坠测量限速器垂直度，要求 $|A-B|$ 在 0.5 mm 内。

注意事项

1. 若限速器轮槽直径与张紧轮轮槽直径不同，则以轿厢一侧为基准，并符合限速器定位要求。

2. 固定限速器轮时，在限速器轮的侧面挂一个线坠，使限速器轮槽垂直度在 0.5 mm 内。

培训单元 2　线槽、穿线管和导线敷设

掌握线槽、穿线管和导线敷设的相关标准

能够进行机房布线

一、线槽

1. 线槽的定义

线槽又名走线槽、配线槽、行线槽等，是用来将电源线、数据线等线材进行规范整理，固定在墙上或者天花板上的电工用具。

电梯机房电气设备分布在机房的各个位置，要将各电气设备线路连接起来就要对线槽位置进行布置，如图 1-5 所示。

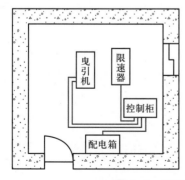

图 1-5　电梯机房线槽布置图与实际图

2. 线槽的分类

线槽（见图 1-6）根据材质的不同，一般可以分为塑料线槽和金属线槽。塑料线槽一般应用于井道，金属线槽一般应用于机房。

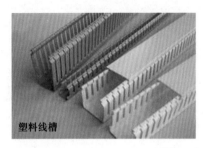 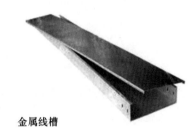

塑料线槽　　　　　　　　　　　金属线槽

图 1-6　线槽

3. 线槽的安装要求

（1）金属线槽多数是封闭的，一般用热轧钢板或镀锌铁皮制成，主要用于敷设导线，宽度一般小于 200 mm。

（2）线槽平整，无扭曲变形，内壁无毛刺，接缝处紧密平直，各种附件齐全。

（3）线槽连接处平整，槽盖安装后平整、无翘角，出线口位置正确。

（4）非金属线槽所有非导电部分均应做连接和跨接，使之成为一个整体。

（5）敷设在竖井内的线槽和穿越不同防火区的线槽，按设计要求设置防火隔堵措施。

（6）金属电缆线槽间及其支架全长应有不少于两处接地或接零。

（7）非镀锌电缆线槽间连接板的两端跨接铜芯接地线，接地线最小允许截面积不小于 4 mm²。

二、穿线管

1. 穿线管的定义

穿线管全称"建筑用绝缘电工套管"，可用于室内正常环境和高温、多尘、有震动及有火灾危险的场所，也可在潮湿的场所使用，但不宜在特别潮湿，有酸、碱、盐腐蚀和有爆炸危险的场所使用。

2. 穿线管的分类

穿线管根据材质的不同分为塑料穿线管、不锈钢穿线管、碳钢穿线管，如图 1-7 所示。

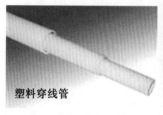  

图 1-7　穿线管

（1）塑料穿线管。通俗地讲，塑料穿线管是一种白色的硬质 PVC（聚氯乙烯）胶管，防腐蚀、防漏电，质优价廉，美观便捷，是穿电线用的管子。在电梯安装中，主要用于照明线路。

（2）不锈钢穿线管。不锈钢穿线管通常用作电线、电缆、自动化仪表信号的保护管，具有良好的柔软性、耐蚀性、抗拉性，耐高温、耐磨损。在电梯安装中，主要用于编码器线路保护。

（3）碳钢穿线管。碳钢穿线管在和直管相连接时，是用套管护住接口处，然后用焊接的方式把管子和穿线管连接起来，其目的是不让接口处受到电焊伤害，保护电线电缆。在电梯安装中，主要用于编码器线路保护。

3. 穿线管的特点

穿线管具有优良的抗腐蚀性能，耐压强度高；表面光滑，不易结垢；不易滋生微生物；不易变形。

4. 穿线管的铺设要求

（1）电路改造应避免"死线"，即电线不能从暗盒一端经穿线管穿入另一个暗盒或穿线管内的电线无法拽出。

（2）电路走线应该把握"两端间最近距离走线"原则，不能无故绕线，绕线不但易造成"死线"，还会增大电改投入。

（3）一根穿线管中不要穿太多线，穿线后都应该拽一下，查看是否可以轻松拽动。

（4）如果线路有接头，必须在接头处留暗盒扣面板，便于日后更换和维修。

（5）管径小于 25 mm 的 PVC 穿线管拐弯应使用弯管器，避免造成"死线"。

三、导线

1. 导线的定义

导线是指输送电流的金属线。导线一般由铜或铝制成，也有用银制成（导电、导热性好）。

铜材的电导率高，损耗比较低，铜材的力学性能优于铝材，延展性好，便于加工和安装。但铝材的密度小，在电阻值相同时，铝线芯的重量仅为铜的一半，铝线缆明显较轻。固定敷设用的电线一般采用铜线芯。

2. 导线的分类

（1）按材质可分为 PVC 绝缘、橡胶绝缘、低烟低卤、低烟无卤等类型，电梯安装中多采用 PVC 绝缘导线。

（2）按防火要求可分为普通型和阻燃型，在电梯井道内明敷电缆应采用阻燃型。

（3）按线芯可分为 BV（聚氯乙烯绝缘单芯铜电缆）、BVR（聚氯乙烯绝缘聚芯铜电缆）和 RV（聚氯乙烯绝缘软电力电缆）。在电梯安装维修中，导线主要分为电力线和信号线，其中信号线一般分强电控制回路和弱电控制回路信号线。强电控制回路上的信号线一般都是 BV，用于各个接触器、固定元器件之间的连接。弱电控制线路以 RV 为主，一般用于各控制板之间的弱电信号连接，也有一部分 RV 用于信号输出端与被控制设备之间的信号连接。

（4）按电压可分为适用额定电压值 300/500 V、450/750 V、600/1 000 V、1 000 V 以上等类型。电梯电气安装中的配线应使用额定电压不低于 500 V 的铜芯导线。

3. 放线的注意事项

（1）敷设于穿线管内的导线总面积不应超过穿线管内截面积的 40%，敷设于电线槽内的导线总截面积不应超过电线槽内截面积的 60%。

（2）在地面放线时，地面必须干净、平整，无障碍物，导线线芯不能扭曲。

（3）BV 硬线扯线不得造成线芯截面损伤，一端固定，放线后另一端截断，用钢丝钳夹住轻拽 2~3 下，将线捋直。

（4）小盘电缆可用支架支撑电缆盘，边转动电缆盘，边放线。成圈小包装的电缆可采用手工放线，从外圈放起，正反两个方向各放几圈，这样有利于退扭，防止电缆打结。

技能要求

机 房 布 线

操作准备

1. 设备材料要求

线槽、穿线管、导线、接线箱。

2. 主要工具

电钻、切割机、膨胀螺栓、墨斗等。

3. 作业条件

（1）作业现场能提供 220 V 交流电源。

（2）作业现场已预留足够的金属线槽。

（3）作业人员必须穿好工作服、防护鞋，戴好安全帽等，做好个人防护。

4. 安装技术要求

（1）穿线管、线槽的敷设应平直、整齐、牢固。软管固定间距不大于 1 m，端头固定间距不大于 0.1 m。

（2）线槽内导线总截面积不大于槽内净截面积的 60%，穿线管内导线总截面积不大于管内净截面积的 40%。

（3）电梯动力线路与控制线路宜分离敷设或采取屏蔽措施。除 36 V 及以下安全电压外的电气设备金属罩壳均应设有易于识别的接地端，且应有良好的接地。接地线应采用黄绿双色绝缘电线分别直接接在接地端上，不应互相串接后再接地。

（4）电梯供电的中性导体（N，零线）和保护导体（PE，地线）应始终分开。

（5）电缆、金属软管固定点均匀，直边间距一般建议不大于 1 m，转角处间距一般建议不小于 0.1 m。

操作步骤

步骤 1 线槽截取		根据现场控制柜和曳引机的位置，确定井道线槽的走向，截取合适的线槽长度。

步骤2 螺栓孔布置		根据要求使用电钻钻相应大小的膨胀螺栓孔。 根线槽应用不小于M10的膨胀螺栓固定，固定点不少于两处。
步骤3 线槽、接线箱敷设		敷设线槽、接线箱时，应保持横平竖直，接口严密，槽盖齐全、平整、无翘脚。
步骤4 线缆敷设		线槽内敷设电线总截面积不应超过线槽总截面积的60%，线槽垂直度、水平度不大于5/1 000。
步骤5 地线跨接		线槽与线槽之间应做好地线跨接，线槽拐角处应做好处理。 出入穿线管和线槽的导线应使用专用护口，如果无护口，应加保护措施。

注意事项

1. 机房和井道内应按产品标准配线。软线和无护套电缆应敷设在穿线管、线槽或能确保起等效防护作用的装置中。护套电缆和橡胶电缆不得明敷于地面。

2. 电梯动力线路和控制线路应分开敷设，从机房电源起始端就分开，接地线为黄绿双色绝缘电线，接地线应分别直接接至接线柱上，不得串联后接地。

培训项目 ② 井道设备安装调试

培训单元1 层站召唤、层站显示装置和井道接线盒安装

掌握层站召唤、层站显示装置和井道接线盒的工作原理

能够进行层站召唤、层站显示装置和井道接线盒的安装

一、层站召唤装置

1. 选层与呼梯按钮

电梯轿厢内的选层按钮和层门外的呼梯按钮实际上是用户与电梯间的一个"人机"接口。例如，轿厢停在一楼，乘客在二楼欲乘电梯到负一楼层，按下二楼层门外的下呼梯按钮，发出呼梯信号，电梯的控制主板检测到信号后做出回应（呼梯按钮灯亮），让乘客知道电梯已响应呼梯要求；当电梯到达二楼，乘客进入轿厢后，按下轿厢内控制屏上代表欲达层站的选层按钮（B1），电梯做出响应。常见电梯按钮按外形分有方形、圆形等，按触动方式分有按压式和触摸式。

2. 内选电路

内选是指在轿厢里选择欲到达的楼层。默纳克系统的内选原理图如图1-8所

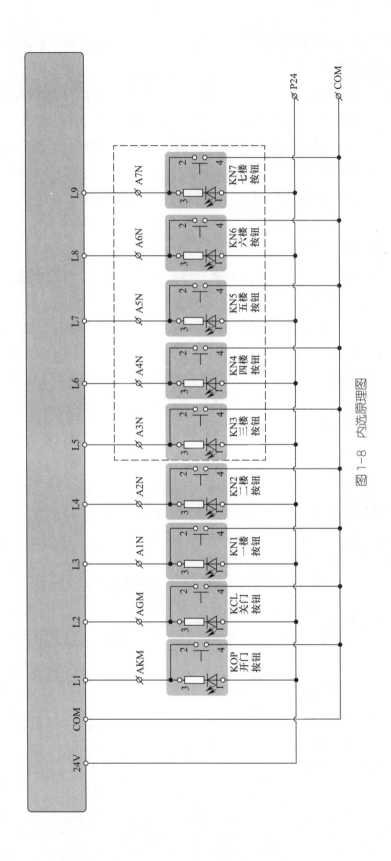

图 1-8　内选原理图

示，由图可见阴影部分是按钮接口，接口的 2、4 引脚是按钮开关部分，接口的 1、3 引脚是按钮灯部分。

L1~L9 是微机主板的内选接口，其工作流程为：乘客所在的电梯轿厢在一楼，乘客需要去二楼（按二楼选层按钮），信号的流通路径为 COM（O V）→经选层按钮 KN2→主板 L4 引脚，在有按钮信号之前主板的 L1~L9 引脚处于高阻状态，在有按钮信号后从高阻状态变为输出低电平（主板对内选接口是低电平有效）；主板对信号进行处理→相应的按钮灯亮→主板上 L4 指示灯也亮；到达目的楼层时相应的按钮灯灭→L4 指示灯也熄灭。

3. 外呼电路

外呼是指在层门外呼唤电梯到乘客当前所在的楼层。外呼电路的工作过程、基本原理与内选电路相同。由此可见，无论内选或是外呼电路，每一个信号都会占用一个接口（一条接线），这是并行通信。随着楼层数的增多，势必会需要很多接口与接线，导致设备线路连接复杂。所以，在现代电梯控制系统中，选层和呼梯电路多采用串行通信方式。串行通信是指数据流以串行的方式在一条信道上进行传输，所有信号源点到接收端共用同一根数据通信线路。

4. 呼梯盒的安装要求

呼梯盒主要包括底板、与底板连接的显示窗和按钮板、与按钮板连接的按钮，还包括安装板。安装板与底板为可拆式连接，安装板上设有与墙体固定的固定孔。呼梯盒的安装位置高度为 1.3~1.5 m，盒边与层门的距离为 0.2~0.3 m，单台旁开门时应安装于层门框侧的墙上，如图 1-9 所示，图中 a 为两相邻集选电梯之间的水平距离。群控、集选电梯的呼梯盒应安装在两台电梯层门的中间位置。其安装垂直度一般不大于 3/1 000，面板应紧贴装饰后的墙面，按钮应能灵活复位。

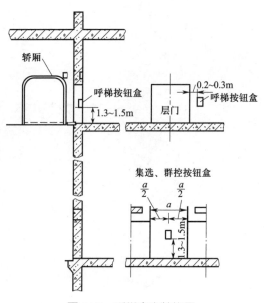

图 1-9　呼梯盒安装位置

二、层站显示装置

层站显示装置用于指示电梯轿厢目前所在的位置及运行方向。

1. 层站显示装置的结构

（1）信号灯。信号灯一般用于继电器控制系统中，在层站显示器上装有和电梯运行层楼相对应的信号灯，每个信号灯外都采用数字表示。当电梯轿厢运行到达某层时，该层的层站显示灯亮起，指示轿厢当前的位置，离开该层时相应的指示灯熄灭。上、下行方向指示灯通常采用"▲"（上行）和"▼"（下行）。

（2）数码管。数码管一般用于微机或 PLC（可编程逻辑控制器）控制的电梯上，层站显示器上有译码器和驱动电路，显示轿厢到达层楼位置，有的电梯还配有语音提示（语音报站、到站钟）。

2. 层站显示装置的种类

（1）七段数码管。七段数码管型层站显示器（见图 1-10）一般由 8 个发光二极管组成，其中 7 个细长的发光二极管显示数字，另外一个圆形的发光二极管显示小数点。当发光二极管导通时，相应的一个点或一条线发光。控制相应的二极管导通，就能显示出各种字符，尽管显示的字符形状有些失真，能显示的字符数量也有限，但其控制简单，使用也方便。发光二极管的阳极连在一起的称为共阳极数码管，阴极连在一起的称为共阴极数码管，如图 1-11 所示。

图 1-10　七段数码管型
层楼显示器

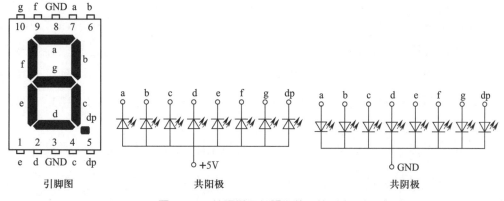

图 1-11　共阳极和共阴极数码管示意

（2）点阵屏层站显示器（见图1-12）。点阵有单色和双色两类，可显示红、黄、绿、橙等颜色。LED点阵根据像素的数目分为单基色、双基色、三基色等，根据像素颜色的不同，所显示的文字、图像等内容的颜色也不同，单基色点阵只能显示固定色彩（如红、绿、黄等单色），双基色和三基色点阵显示内容的颜色由像素内不同颜色发光二极管点亮组合方式决定，如红、绿都亮时可显示黄色。

（3）无层灯层站显示器。有的电梯（如群控电梯）除基站层门外装有数码管的层站显示器外，其他各层楼只装有上下方向指示灯和到站钟。

图1-12　点阵屏层站显示器

3. 层楼信息的获取方法

（1）由机械选层器获取。装有机械选层器的电梯，通过选层器的触点接通来获取层楼信息。

（2）由安装在井道中的层楼信号感应器获取。层楼信号感应器（如干簧管继电器）安装在井道中（每层一个），当电梯轿厢运动时，轿厢顶部的隔磁板插入层楼信号感应器中发出信号。

（3）由微机选层器获取。由微机（或PLC）控制的电梯，通过对旋转编码器或光电开关的脉冲计数，可计算出电梯的运行距离，并由此确定轿厢当前所在的层楼位置。

三、井道接线盒

井道布线通常有两种：一种是通往轿内操纵盘的信号线，这些线通常由软电缆的一端悬挂在轿底再接到轿厢内，另一端固定在井道壁上，与总接线盒连接或直接由柜内引出，轿厢升降时软电缆随轿厢升降，即随行电缆；另一种是通往呼梯按钮、层门外楼层指示的信号线，这些导线通常敷设在井道壁的线槽里，再用分线盒分出，连接在按钮盒和指示灯盒内。

中间接线盒应装于电梯正常提升高度1/2加高1.7 m的井道壁上，总线盒一般安装在最上层站地坎向上3.5 m的井道壁上，如图1-13所示，L为电梯的提升高度。接线盒装于靠层门一侧时，水平位置宜在轿厢地坎与安全钳之间。如果电缆直接进入控制柜，可不设以上两接线盒。

随行电缆架应位于电梯提升高度 1/2 加高 1.5 m 处，中间接线盒位于电缆架垂直高度加高 0.2 m 处，如图 1-14 所示。

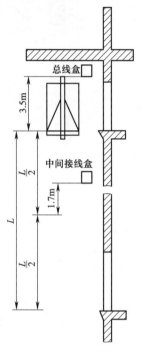

图 1-13　接线盒井道布置

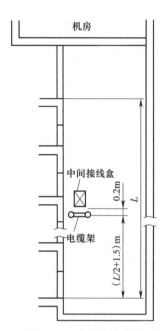

图 1-14　电缆架安装位置

层门分线盒应安装于每层层门靠门锁较近侧的井道内墙上，第一根穿线管道与层站显示器管道在同一高度。各接线盒安装后应平整、牢固、不变形。

层站召唤、层站显示装置和井道接线盒安装

操作准备

1. 设备材料要求

（1）随行电缆、接线盒、线槽、支架、导线。

（2）呼梯盒、层站显示装置无变形、损坏，功能可靠。

2. 主要工具

卷尺、电钻、黑胶布、膨胀螺栓、异形塑料管、电工线卡、呼梯盒、层站显示装置等。

3. 作业条件

（1）作业现场能提供 220 V 交流电源。

（2）作业现场已预留足够的金属线槽。

（3）作业人员必须穿好工作服、防护鞋，戴好安全帽等，做好个人防护。

4. 安装技术要求

（1）在中间接线盒的下方 0.2 m 处安装随行电缆架。电缆架要用两个以上直径不小于 16 mm 的膨胀螺栓固定，以保证其牢固。

（2）线槽与呼梯盒之间采用蛇皮管连接。

（3）总线盒的水平度和垂直度一般建议不大于 1 mm；总线盒通往线槽的部位要预先开好缺口，线槽应穿入盒内，穿入深度一般不大于 5 mm。

（4）层站显示装置应横平竖直，其偏差一般建议不大于 1 mm，其中心与门中心偏差一般建议不大于 5 mm。

操作步骤

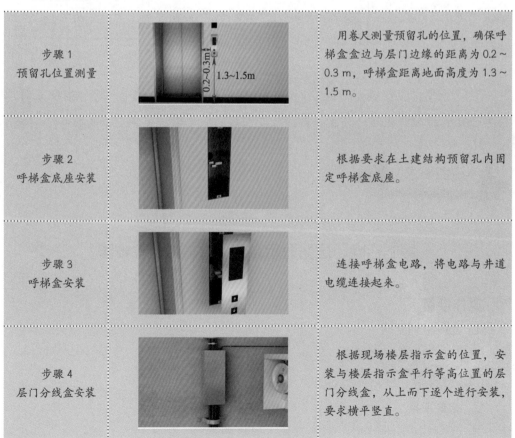

步骤 1 预留孔位置测量		用卷尺测量预留孔的位置，确保呼梯盒盒边与层门边缘的距离为 0.2～0.3 m，呼梯盒距离地面高度为 1.3～1.5 m。
步骤 2 呼梯盒底座安装		根据要求在土建结构预留孔内固定呼梯盒底座。
步骤 3 呼梯盒安装		连接呼梯盒电路，将电路与井道电缆连接起来。
步骤 4 层门分线盒安装		根据现场楼层指示盒的位置，安装与楼层指示盒平行等高位置的层门分线盒，从上而下逐个进行安装，要求横平竖直。

续表

步骤 5 骑马螺栓固定	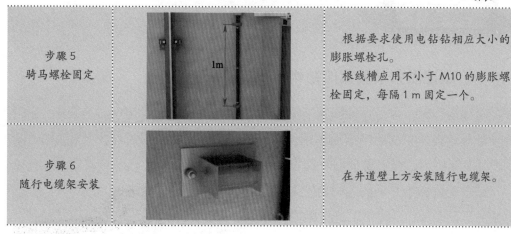	根据要求使用电钻钻相应大小的膨胀螺栓孔。 根线槽应用不小于 M10 的膨胀螺栓固定，每隔 1 m 固定一个。
步骤 6 随行电缆架安装		在井道壁上方安装随行电缆架。

注意事项

1. 安装随行电缆架时，应使电梯电缆避免与限速器钢丝绳、限位开关、感应器和对重装置等接触，保证随行电缆在运行中不与电线槽管发生卡阻。

2. 与呼梯盒连接的线通常用插件连接。

3. 软管的敷设长度不要超过 1 m，至少使用两个固定点，走线的线槽孔洞要加护口。

4. 测量呼梯盒安装高度时，应去除层站装修地面的高度（一般为 50 mm）。

5. 呼梯盒底座的孔与墙面的孔要对正，壳体要接地。

6. 埋入墙内的按钮盒、指示灯盒等部件不应凸出装饰面，盒面板与墙面应贴实无间隙。

培训单元 2　限速器张紧装置安装调试

培训重点

熟悉限速器张紧装置的结构与种类

掌握限速器张紧装置的工作原理

能够进行限速器张紧装置的安装调试

一、限速器张紧装置的结构

电梯运行时，为了保证限速器旋转角速度与轿厢运行线速度对应恒等，除正确设计及选择适宜的轮槽槽形和钢丝绳直径外，还需借助限速器张紧轮的作用达到增加其摩擦力、保障同步性的目的和效果。

张紧装置位于井道底坑，由支架、张紧轮和配重组成（见图1-15），其作用是使钢丝绳张紧，保证钢丝绳与限速器之间有足够的摩擦力，以准确地反映轿厢的运行速度。张紧轮安装在张紧装置的支架轴上可以灵活转动，调整其配重的重量可以调整钢丝绳的张力。断绳电气安全开关的功能是当限速器钢丝绳过分伸长或出现断裂后，在机架附件的作用下，立即截断控制电路，使曳引机停转。

图1-15　张紧装置结构

二、限速器张紧装置的种类

限速器张紧装置一般包括悬挂式和悬臂式，如图1-16所示。

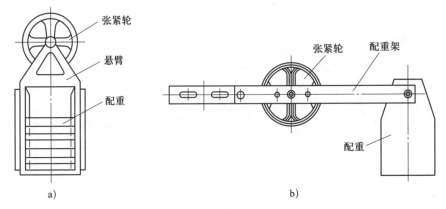

图1-16　张紧装置示意

a）悬挂式　b）悬壁式

悬挂式张紧装置中，配重安装在张紧轮正下方，配重中心线与张紧轮中心线在一条直线上。

悬臂式张紧装置中，配重安装在配重架一侧，配重竖直中心线与张紧轮水平中心线垂直。

张紧装置安装后，断绳电气安全开关的位置需根据实际情况进行调整。

三、限速器张紧装置的工作原理

以限速器悬壁式张紧装置（见图1-17）为例，通过压导板固定在导轨上，为了补偿限速器在工作中的伸长，张紧装置必须是浮动结构，同时张紧装置的最低位置离井道底坑应有合适高度。在张紧装置上必须设断绳电气安全开关，一旦绳索断裂或过度伸长时装置下跌，安全开关动作，切断电梯控制电路。

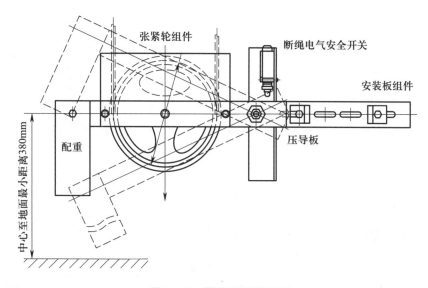

图 1-17　悬臂式张紧装置

为了防止限速器绳过分伸长使张紧装置碰到地面而失效，张紧装置底部距底坑应有合适的高度：低速电梯为（400±50）mm，快速电梯为（550±50）mm，高速电梯为（750±50）mm。张紧轮安装在张紧装置支架轴上，可以灵活地转动。调整配重块的数量可以调整限速器绳的张力。要求限速器动作时，限速器绳的张力大于安全钳启动时所需力的2倍，且不小于300 N。

技能要求

限速器张紧装置安装调试

操作准备

1. 设备材料要求

（1）随行电缆、接线盒、线槽、支架、导线。

（2）钢丝绳的直径、长度应符合要求。

2. 主要工具

卷尺、线坠、扳手、水平尺、方木。

3. 作业条件

（1）作业现场能提供 220 V 交流电源。

（2）整理好井道内照明线及其他障碍物品，具有良好的操作场地条件。

（3）清理好底坑内杂物。

（4）作业人员必须穿好工作服、防护鞋，戴好安全帽等，做好个人防护。

4. 安装技术要求

（1）限速器张紧装置距电梯底坑的尺寸要求见表 1-1。

表 1-1　张紧装置距底坑尺寸要求

电梯额定速度（m/s）	距底坑尺寸（mm）
$2.0 < v \leqslant 2.5$	750 ± 50
$1.0 < v \leqslant 2.0$	550 ± 50
$v \leqslant 1.0$	400 ± 50

（2）张紧装置断绳电气安全开关必须有效，限速器张紧装置下跌大于 50 mm 时开关可靠动作，电梯停止运行。

（3）限速器及其张紧轮应有防止钢丝绳因松弛而脱离绳槽的装置。

（4）限速器钢丝绳应张紧，在运行中不应与轿厢、对重等部件相碰触。

（5）当钢丝绳沿水平方向或在水平面之上以与水平面不大于 90° 的任意角度进入限速器或其张紧轮时，应有防止异物进入钢丝绳与绳槽之间的装置。

操作步骤

步骤 1 限速器张紧装置安装		根据现场底坑的位置,将限速器张紧装置用压导板安装在导轨上,要求横平竖直。
步骤 2 张紧装置与地面距离调整		根据电梯额定速度,调整张紧装置与地面的距离。
步骤 3 线坠 A 放置		从安全钳拉杆中心吊一线坠 A 到张紧轮处。
步骤 4 线坠 B 放置		从限速器绳槽中心吊一线坠 B 到张紧轮处。
步骤 5 张紧轮位置调整		调整位置,使线坠 A 到张紧轮轮槽中心距离偏差小于 5 mm,线坠 B 到张紧轮轮槽中心距离偏差小于 10 mm。

注意事项

1. 限速器张紧装置应有足够重量，以保证将钢丝绳拉直，防止误动作。张紧装置（张紧轮）的自重一般不小于30 kg。

2. 断绳电气安全开关与张紧轮悬臂间的距离一定要适当，确保悬臂落下来时能使开关动作，从而断开安全回路，使电梯停止运行。

3. 新装电梯的钢丝绳可适当紧些，使张紧轮横臂略上翘，随着钢丝绳自然伸长，最终使张紧轮横臂趋于水平。

培训单元3 层门系统安装调试

了解电梯层门的作用与分类
熟悉层门系统的组件
能够进行层门系统的安装调试

一、电梯层门的作用与分类

1. 电梯层门的作用

层门也叫厅门，是为了确保安全，而在各层楼的停靠站、通向井道轿厢的入口处，设置的供乘用人员和货物等出入的门。

只有当轿门和所有层门完全关闭后，电梯才能运行。层门装有机电联锁功能的自动门锁，正常情况下层门全部关闭，在外面不能打开，只有当轿门开启时才能带动层门开启；如果要从层门外打开层门，必须使用三角钥匙，同时断开电气控制电路使电梯不能启动运行。如果层门是手动开启的，乘用人员在开门前，应能通过面积不小于0.01 m² 的透明视窗或一个"轿厢在此"的发光信号明确轿厢位置正确。

层门系统是电梯重要的设备，也是电梯重要的安全保护装置。电梯的每个层门都应装设层门锁闭装置（钩子锁）、证实层门闭合的电气装置、被动门关门位置证实电气开关（副门锁开关）、紧急开锁装置、层门自动关闭装置等安全防护装置，确保电梯正常运行时不能打开层门（或多扇门的一扇）。

2. 电梯层门的分类

电梯层门按照结构形式可分为中分式、旁开式和直分式三种，且层门必须与轿门属于同一类型。其中中分式层门与旁开式层门最为常用。

（1）中分式层门。中分式层门主要用在客梯上，具有开门速度快、出入方便、可靠性高的优点。门由中间向左右分开，开关门时左右门的速度相同。中分式层门按门扇的数量分为两扇式和四扇式两种。两扇式如图 1-18a 所示，适用于 0.8 ~ 1.1 m 的门宽范围；四扇式如图 1-18b 所示，适用于 1.2 ~ 2.6 m 的门宽范围。

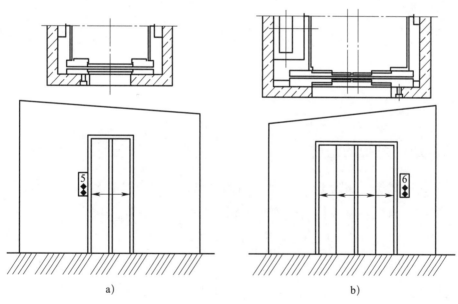

图 1-18　中分式层门
a）两扇式　b）四扇式

（2）旁开式层门。旁开式层门具有开门宽度大、对井道宽度要求低的优点，多用在货梯和医用电梯上。门由一侧向另一侧开或关。按门扇的数量，旁开式层门分为单扇式、两扇式（双折式）和三扇式（三折式）。按开门方向，以人在轿厢内向外，门向右开的称右开式门，反之为左开式门。两扇式层门如图 1-19a 所示，适用于 0.8~1.6 m 的门宽范围，两个门扇在开关门时行程不同，但动作的时间相同。三扇式层门如图 1-19b 所示，适用于 2 m 以上的门宽范围，三个门扇的速度各不相同。

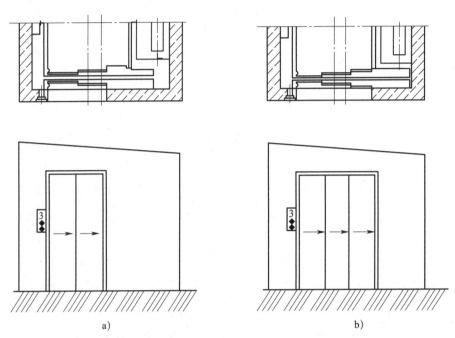

图 1-19　旁开式层门

a）两扇式　b）三扇式

二、层门系统的组件

中开封闭式层门如图 1-20 所示。由图可见，电梯层门系统一般由自动开门机及开门机构、自动门锁及门刀、安全触板、应急开锁装置、强迫关门装置、调节导轨、滑轮、层门滑块、层门地坎等组成。

1. 层门门扇

电梯的层门门扇主要分为封闭式（见图 1-21）和交棚式（见图 1-22）两种。封闭式层门门扇一般用厚度为 1~1.5 mm 的薄钢板制成，为了使门具有一定的机械强度和刚性，在门的背面配有加强筋。为减小门运动中产生的噪声，门板背面涂贴防振材料。

2. 层门滑块

层门滑块（见图 1-23）由金属板外包耐磨材料制作而成，固定在门扇的下端，它被限制在地坎槽内，使门扇始终保持铅垂状态。

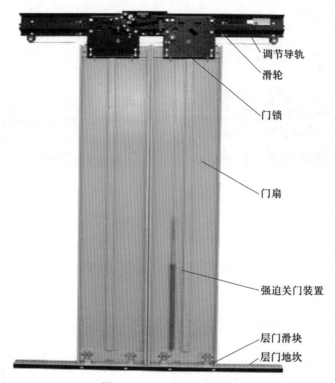

图 1-20　中开封闭式层门

图 1-21　封闭式层门

图 1-22　交棚式层门

图 1-23　层门滑块

3. 层门悬挂装置

层门悬挂装置（见图1-24）处于层门系统的最上方，通过膨胀螺栓固定在墙壁上，主要由弯板、门导轨、门传动部件等组成。

图1-24　层门悬挂装置

4. 层门地坎装置

层门地坎装置（见图1-25）设槽，供门滑块在槽内滑动，对门的运动起导向作用。乘客电梯的层门地坎一般用铝合金制作，载货电梯的层门地坎一般用铸铁加工或钢板压制而成。轿门地坎固定在轿底，层门地坎固定在井道牛腿或牛腿支架上，要求有足够的承载能力。

图1-25　层门地坎装置

5. 层门挂板

层门挂板（见图1-26）是层门门扇与层门悬挂装置的连接部件，主要由挂板、门滑轮、偏心轮等组成。

图1-26　层门挂板

地坎安装调试

操作准备

1. 设备材料要求

（1）地坎无变形、无损坏，功能可靠。

（2）用于制作钢牛腿和牛腿支架的型钢符合要求。

（3）焊条和膨胀螺栓有出厂合格证。

2. 主要工具

电钻、切割机、膨胀螺栓、电焊机、线坠、水平尺、钢直尺。

3. 作业条件

（1）作业现场能提供 220 V 交流电源。

（2）各层门口及脚手架干净、无杂物。

（3）各层门口建筑结构墙壁上应有土建提供并确认的楼层装饰标高。

（4）作业人员必须穿好工作服、防护鞋，戴好安全帽等，做好个人防护。

4. 安装技术要求

（1）地坎端面与门口样线距离为（31±1）mm（该尺寸与放样尺寸相关，不同电梯可以根据实际放线来确定），在门口宽度尺寸上，该距离偏差应在 1 mm 内。

（2）层门地坎应具有足够的强度，地坎上表面宜高出装修后的地平面 2～5 mm。

（3）在开门宽度方向上，地坎表面相对水平面的倾斜度不大于 2/1 000。

（4）轿厢地坎与层门地坎间的水平距离不大于 35 mm。在有效开门宽度范围内，该水平距离偏差不大于 3 mm。

操作步骤

步骤 1 地坎中心线及门宽 刻度线绘制		在安装之前，先在地坎中心绘制 地坎中心线及门宽刻度线。

续表

步骤	图示	说明
步骤 2 地坎螺栓安装	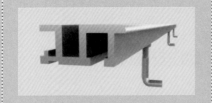	将地坎螺栓放入地坎 T 形槽内。
步骤 3 膨胀螺栓打入		在确定好的金属牛腿需要固定的位置，打入一排膨胀螺栓。
步骤 4 牛腿固定		将牛腿固定在膨胀螺栓上，并用垫片、螺母旋紧。
步骤 5 层门地坎固定		将地坎槽的螺栓放入钢牛腿的固定孔内，并通过弹垫、螺母进行固定。
步骤 6 门样线与地坎门宽 刻度线距离调整		检查门样线与地坎门宽刻度线的距离，并加以调整。

注意事项

1. 所有焊接连接和膨胀螺栓固定的部件一定要牢固可靠，砖墙结构不允许用膨胀螺栓固定。

2. 凡是需要埋入混凝土中的部件，一定要经有关部门检查，办理隐蔽工程手续后，才能浇灌混凝土。

3. 每个层站入口均应装设一个具有足够强度的地坎，以承受通过它进入轿厢的载荷。

4. 轿门门刀部件与层门地坎之间的间隙为 5～10 mm。

门套安装调试

操作准备

1. 设备材料要求

（1）门套无变形、无损坏，功能可靠。

（2）用于固定门套的钢筋符合要求。

（3）焊条和膨胀螺栓有出厂合格证。

2. 主要工具

电钻、膨胀螺栓、电焊机、线坠、水平尺、钢直尺。

3. 作业条件

（1）作业现场能提供 220 V 交流电源。

（2）各层门口及脚手架干净、无杂物。

（3）各层门口建筑结构墙壁上应有土建提供并确认的楼层装饰标高。

（4）作业人员必须穿好工作服、防护鞋，戴好安全帽等，做好个人防护。

4. 安装技术要求

（1）门套垂直度和横梁水平度一般建议不大于 1/1 000，下方要贴紧地坎，不得有间隙。

（2）门套外沿凸出门厅装饰面的距离一般建议为 0～5 mm。

（3）层门导轨界面的垂直度一般建议不超过 0.5 mm。

（4）层门导轨上表面与地坎上表面的水平度一般建议不超过 1 mm。

操作步骤

步骤1 门框门套安装		安装之前，在平整的地方组装好门套横梁和门套立柱。 测量门宽是否符合图纸安装要求。
步骤2 门套放置		将组装好的门套垂直放入地坎，确认左右门套立柱与地坎出入口画的门宽刻度线重合，找好与地坎槽的距离，使之符合图纸要求，拧紧门套与地坎之间的紧固螺栓。
步骤3 门套左右垂直度调整		用线坠和钢直尺测量门套左右垂直度，并加以调整。
步骤4 门套固定		用连接板或者钢筋焊接的方式将门套固定在井道墙层门口处。每侧门套进行上、中、下三处固定。
步骤5 门套前后垂直度调整		用线坠与钢直尺测量门套前后垂直度，并加以调整。

注意事项

1. 使用钢筋焊接门套时，应将钢筋打入墙体并将钢筋弯成弓形后再焊接，以免焊接时钢筋变形导致门套变形。

2. 门套使用钢筋固定后，应再次测量各方向的垂直度，以免发生偏移。

3. 在使用电焊机进行焊接时，应注意门样线的位置，以免将门样线切断。

门扇和悬挂装置安装调试

操作准备

1. 设备材料要求

（1）门扇无变形、无损坏，功能可靠。

（2）层门的各部件与图纸相符，数量齐全。

（3）层门门锁装置有型式试验证书。

2. 主要工具

电钻、膨胀螺栓、电焊机、线坠、水平尺、钢直尺等。

3. 作业条件

（1）作业现场能提供 220 V 交流电源。

（2）各层门口及脚手架干净、无杂物。

（3）各层门口建筑结构墙壁上应有土建提供并确认的楼层装饰标高。

（4）作业人员必须穿好工作服、防护鞋，戴好安全帽等，做好个人防护。

4. 安装技术要求

（1）轿厢应在锁紧元件啮合不小于 7 mm 时才能启动。

（2）应由重力、永久磁铁或弹簧来产生和保持锁紧动作。弹簧应在压缩下作用，应有导向，同时弹簧的结构应满足在开锁时弹簧不会被压并圈。即使永久磁铁（或弹簧）失效，也不应导致开锁。如果锁紧元件是通过永久磁铁的作用保持其锁紧位置，则用一种简单的方法（如加热或冲击）不应使其失效。

（3）门关闭后，门扇之间及门扇与立柱、层门与地坎之间的间隙应尽可能小。对于乘客电梯，层门与地坎之间的运动间隙不得大于 6 mm；对于载货电梯，层门与地坎之间的运动间隙不得大于 8 mm。由于磨损，此间隙值允许达到 10 mm。

（4）在水平滑动门和折叠门主动门扇的开启方向，以 150 N 的人力（不用工具）施加在一个最不利的点上时，层门与地坎之间的间隙可以大于 6 mm，但不得大于下列值：旁开门 30 mm，中分门总和 45 mm。

（5）阻止关门力不大于 150 N，这个力的测量不得在关门行程开始的 1/3 之内进行。

操作步骤

步骤1 层门悬挂装置 各部件检查		检查门锁的锁钩、滑轮、同步钢丝绳滚轮等部件是否运转正常。
步骤2 膨胀螺栓打入		根据门样线和悬挂装置的尺寸，在合适位置打入膨胀螺栓，用于固定悬挂装置。
步骤3 门导轨左右分中 测量	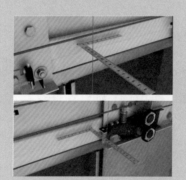	用钢直尺在门样线左右（两侧）分别测量门导轨分中。
步骤4 层门悬挂装置 垂直度测量		用钢直尺在门样线上下分别测量层门悬挂装置垂直度。

续表

步骤 5 层门悬挂装置固定		移动层门悬挂装置至正确位置后,紧固相应的螺栓。
步骤 6 门滑块固定		把门滑块固定在门扇下端,并放入一张塞片。
步骤 7 层门吊装		用吊门螺栓将层门与门挂板连接为一体。
步骤 8 地坎间隙调整		在层门下端与地坎之间垫上合适厚度的垫片,以保证层门与地坎之间的运动间隙。
步骤 9 层门间隙调整		使用调门塞片,使层门与层门、层门与门套、层门与门楣的间隙符合要求。

续表

步骤 10 偏心轮调整		调整 4 个偏心轮与门导轨的间隙，使其符合要求。
步骤 11 层门与地坎塞片拆除		拆除层门与地坎之间的塞片。
步骤 12 层门试运行	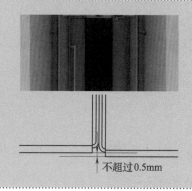 ↑ 不超过0.5mm	检查层门运行是否顺畅，层门与层门之间的平整度是否符合要求。

注意事项

1. 用软布擦净各层门表面，外观光洁，无尘、无油挂痕。

2. 各层门强迫关门装置灵活，重锤与门导轨之间无摩擦声或其他异响。

3. 自动门锁各传动部件应注入少量润滑油并擦净，无油挂痕。

4. 三角锁应逐层手动开锁，动作及复位灵活、可靠，如有异常应及时处理。

培训项目　③

轿厢对重设备安装调试

培训单元 1　轿厢设备安装调试

培训重点

掌握轿厢设备的结构

能够进行轿厢设备的安装

知识要求

轿厢是电梯的主要部件之一，主要由轿架、轿壁、轿底等组成，如图 1-27 所示。

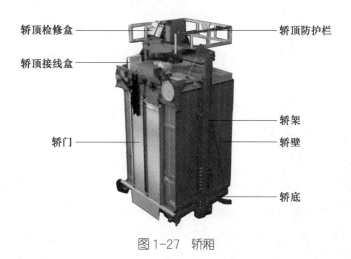

图 1-27　轿厢

一、轿架

轿架由上梁、立柱、底梁和斜拉杆组成，如图 1-28 所示。上梁和底梁各用两根槽钢制成，也可用厚度为 3～8 mm 的钢板压制而成。立柱用槽钢或角钢制成，也可用厚度为 3～6 mm 的钢板压制而成。上梁和底梁有两种结构形式，其中一种为槽钢背靠背放置，另一种为槽钢面对面放置。由于上梁和底梁的槽钢放置形式不同，作为立柱的槽钢或角钢在放置形式上也不相同，而且安全钳的钳口在结构上也有较大的区别。

上梁

立柱

斜拉杆

底梁

图 1-28　轿架

二、轿壁

轿壁（见图 1-29）多采用厚度为 1.2～1.5 mm 的薄钢板制成槽钢形式，壁板的两端分别焊一根角钢作为堵头。轿壁间与轿顶、轿底多采用螺钉紧固成一体。壁板长度与电梯的类别、轿壁的结构形式有关，宽度一般不大于 1 000 mm。为了提高轿壁板的机械强度，减少电梯在运行过程中的噪声，在轿壁板的背面点焊用薄板压成的加强筋。大小不同的轿厢用数量和宽度不等的轿壁板拼装而成。为了美观，有的在各轿壁板之间装有铝镶条，有的在轿壁板面上贴一层防火塑料板，并用厚度为 0.5 mm 的不锈钢板包边，有的还在轿壁板上贴一层厚度为 0.3～0.5 mm、具有图案或花纹的不锈钢薄板等。乘客电梯的轿壁上通常装有扶手、镜子等。

观光电梯轿壁可使用厚度不小于 10 mm 的夹层玻璃，玻璃上应有供应商名称或商标、玻璃形式和厚度的永久性标志。若使用玻璃作为轿壁，则应在 0.9～1.1 m 的高度设一个扶手，并应牢固固定。

图 1-29　轿壁

三、轿内操纵箱

轿内操纵箱（见图 1-30）是控制电梯关门、开门、启动、停层、急停等的控制装置，分手柄式和按钮式两大类，按钮式又可分为大行程按钮和微动按钮两种。为方便乘客，有些电梯设有两个操纵箱。操纵箱安装工艺较简单，在轿厢相应位置装入箱体，将电路接好后盖上面板即可。一般面板都是精致成品，安装时切勿损坏。

四、导靴

导靴装在轿架和对重装置上，其靴衬在导轨上滑动，使轿厢和对重装置沿导轨运行。轿厢导靴安装在轿架上梁和轿底部安全钳座下方，对重导靴安装在对重架的四角，一般轿厢与对重各有 4 个导靴。

图 1-30　轿内操纵箱

根据导靴与导轨的连接和导向方式不同，可以将导靴分为滑动导靴和滚动导靴两种。

1. 滑动导靴

滑动导靴（见图 1-31）采用由耐磨材料制作的靴衬，使导向的导向面和工作面嵌入靴衬中，为轿厢或对重提供支撑和导向。当轿厢或对重在导轨上运行时，靴衬作为摩擦材料在经过润滑的导轨面上进行滑动摩擦，降低运行阻力。

2. 滚动导靴

滚动导靴（见图 1-32）采用外缘为弹性材料的滚轮，通过三个滚轮同时压住导轨的导向面和工作面，为轿厢或对重提供支撑和导向。当轿厢或对重在导轨上运行时，滚轮在导轨面上进行滚动，可大大降低运行阻力。

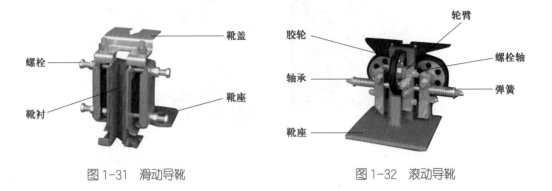

图 1-31 滑动导靴   图 1-32 滚动导靴

技能要求

轿架安装调试

操作准备

1. 设备材料要求

（1）轿厢零部件完好无损，数量齐全，规格符合要求。

（2）各个传动、转动部件灵活可靠，安全钳装置有型式试验报告结论副本，渐进式安全钳有调试证书副本。

（3）采用 100 mm×100 mm 的角铁托架和截面为 200 mm×200 mm 的方木。

2. 主要工具

手拉葫芦、扳手、锤子、水平尺、线坠等。

3. 作业条件

（1）机房装好门窗，门上加锁。严禁非作业人员进入，机房地面无杂物。

（2）顶层脚手架拆除后，有足够的作业空间。

（3）导轨安装、调整完毕。

（4）顶层层门口无堆积物，有足够搬运大型部件的通道。

4. 安装技术要求

（1）轿底梁的横向、纵向水平度一般建议不大于 1/1 000。

（2）轿厢立柱的垂直度一般建议不大于 1.5 mm，不得有扭曲。

（3）轿厢上梁的横向、纵向水平度一般建议不大于 0.5/1 000。

操作步骤

步骤1 角铁托架安装		在门洞对面墙壁合适位置用螺栓固定两个角铁托架。
步骤2 横方木放置		在层门地面横放一根方木，在角铁托架和层门地面方木之间架起两根方木。
步骤3 底梁放置		将底梁放在架设好的方木或工字钢上。调整好安全钳口（老虎嘴）与导轨面间隙，如果电梯厂图纸有具体规定尺寸，要按图纸要求，同时调整底梁的水平度，使其横向、纵向水平度不大于 1/1 000。
步骤4 安全钳锲块 安装	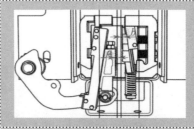	调整安全钳口与导轨面间隙至 $a=b$。锲齿距导轨侧工作面的距离调整到 $3\sim4$ mm，且4个锲块距导轨侧工作面间隙应一致，然后用厚垫片塞于导轨侧面与锲块之间使其固定，同时把导轨顶面用木锲塞紧。
步骤5 立柱安装		将立柱与底梁连接，连接后应使立柱竖直，若达不到要求则用垫片进行调整。
步骤6 上梁安装与 调整		1. 用手拉葫芦将上梁吊起与立柱相连接，装上所有的连接螺栓。 2. 调整上梁的横向、纵向水平度，使水平度不大于 0.5/1 000，同时再次校正立柱，使其垂直度不大于 1.5 mm。装配后的轿架不应有扭曲应力存在，然后分别紧固连接螺栓。

注意事项

1. 在安装轿架之前应检查吊索、吊具。

2. 安装立柱时应使其自然竖直，达不到要求时，要在上梁、底梁和立柱间加垫片调整，进行调整时不可使用蛮力强行安装。

3. 斜拉杆一定要上双螺母拧紧，轿厢各连接螺栓必须紧固，垫圈齐全。

轿壁、轿顶安装调试

操作准备

1. 设备材料要求

（1）轿壁应具有的机械强度为：用 300 N 的力，均匀地分布在 5 cm² 的圆形或方形面积上，沿轿厢内向轿厢外方向垂直作用于轿壁的任何位置，轿壁应无永久变形，弹性变形不大于 15 mm。

（2）玻璃轿壁应使用夹层玻璃，在冲击摆试验后，轿壁的安全性能应不受影响。

（3）玻璃轿壁的固定件应稳固，即使在玻璃下沉的情况下也应保证玻璃不会滑出。

（4）玻璃轿壁上应有如下永久性的标记。

1）供应商名称或商标。

2）玻璃的形式。

3）厚度，如（8+0.76+8）mm。

2. 主要工具

线坠、钢直尺、扳手、水平尺、卷尺等。

3. 作业条件

（1）轿底安装、调试完毕。

（2）施工照明应满足作业要求，必要时使用手把灯。

（3）顶层层门口无堆积物，有足够搬运大型部件的通道。

4. 安装技术要求

（1）整个轿壁垂直度一般建议不大于 1/1 000。

（2）轿厢组装牢固，轿壁接合处平整。

操作步骤

步骤 1 轿顶吊装		使用吊装工具将轿顶吊装到上梁下方,并绑扎牢靠。
步骤 2 左右轿壁安装		把左侧和右侧的轿壁与轿底固定好。轿壁可逐扇安装,也可根据情况将几扇轿壁先拼装在一起后再安装。
步骤 3 轿壁连接		轿壁之间用螺栓固定连接。
步骤 4 拐角处连接		轿壁拐角处用螺栓连接固定。
步骤 5 轿壁调整		先装侧壁,再装后壁,最后装前壁。如果轿底局部不平整、轿壁底座下有缝隙时,要在缝隙处加调整垫片垫实。
步骤 6 轿顶安装		轿顶和轿壁穿好连接螺栓后先不紧固,在调整轿壁垂直偏差不大于1/1 000后再逐个将螺栓紧固。

续表

步骤 7 轿顶固定		把轿顶的下沿和轿壁的上沿用螺栓固定在一起。要求接缝处紧实，间隙一致，嵌条整齐，轿厢内壁平整一致，各部位螺栓垫圈齐全，紧固牢靠。
步骤 8 垂直度调整		调整轿壁，使其垂直度不大于 1/1 000。
步骤 9 防震轮安装		在轿顶侧面安装防震轮。
步骤 10 轿顶防护栏安装		在轿顶安装防护栏，用于保护作业人员的安全。

注意事项

1.在交工前不要撕下轿壁的保护膜，必要时再加保护层，如薄木板、牛皮纸等。

2.作业人员离开时要锁好梯门。

轿顶轮、导靴安装调试

操作准备

1. 设备材料要求

（1）轿顶轮应设置防护装置，避免发生人员伤害事故，防止悬挂绳松弛脱离绳槽，防止绳与绳槽之间进入杂物。

（2）轿顶轮的防护设计，除了满足安全防护要求外，不应妨碍轿顶轮的正常检查。

2. 主要工具

扳手、塞尺、直尺等。

3. 作业条件

（1）轿架安装、调试完毕。

（2）施工照明应满足作业要求，必要时使用手把灯。

（3）顶层层门口无堆积物，有足够搬运大型部件的通道。

4. 安装技术要求

（1）安装导靴要求上、下导靴中心与安全钳中心三点在同一条铅垂线上，不能有歪斜、偏扭现象。

（2）导靴内衬与导轨两侧工作面间隙为 0.5～1 mm。固定式导靴要调整其间隙一致，内衬与导轨两工作侧面间隙要按厂家说明书规定的尺寸调整，与导轨顶面间隙偏差一般建议控制在 0.3 mm 以内。

操作步骤

步骤 1 绕绳轮安装	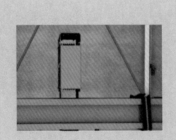	轿顶轮的防跳挡绳装置应设置防护罩，既可避免伤害作业人员，又可预防钢丝绳松弛时脱离绳槽、绳与绳槽之间落入杂物。这些装置的结构不应妨碍绕绳轮的检测维护。在采用链条的情况下，也要有类似的装置。
步骤 2 导靴安装		把导靴安装在轿厢上梁两侧，并卡住导轨。轿厢上、下部各有左右两个导靴。

续表

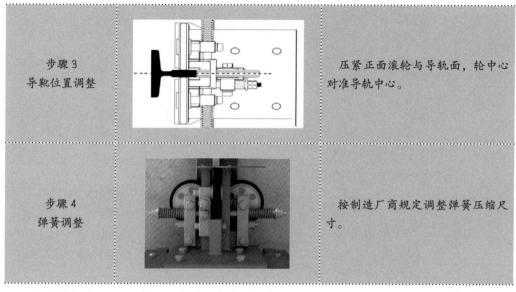

| 步骤 3
导靴位置调整 | | 压紧正面滚轮与导轨面，轮中心对准导轨中心。 |
| 步骤 4
弹簧调整 | | 按制造厂商规定调整弹簧压缩尺寸。 |

注意事项

1. 导靴安装两侧与导靴间的间隙应保持一致，严禁偏向一侧，否则容易产生振动。

2. 导靴整体安装及尺寸调整到位后，固定导靴的大螺母一定要拧紧，否则进行安全钳限速器联动试验时尺寸容易发生变化。

3. 导靴定位孔与底梁螺母间的尺寸偏差不宜过大，如果偏差较大，应及时与厂商取得联系，要求厂商进行调整处理。

轿厢操纵箱安装调试

操作准备

1. 设备材料要求

（1）轿内操纵按钮动作灵活，信号显示清晰。

（2）轿内操纵箱及导管、线槽的外露可导电部分均必须可靠接地；接地支线应分别直接接至接地线干线接线柱上，不得互相串接后再接地。

2. 主要工具

旋具、绝缘胶布等。

3. 作业条件

轿壁安装、调试完毕。

4. 安装技术要求

（1）轿厢操纵箱内各种开关的固定必须可靠，且不得采用焊接。

（2）轿内操纵箱的安装应布局合理，横平竖直，整齐美观。

操作步骤

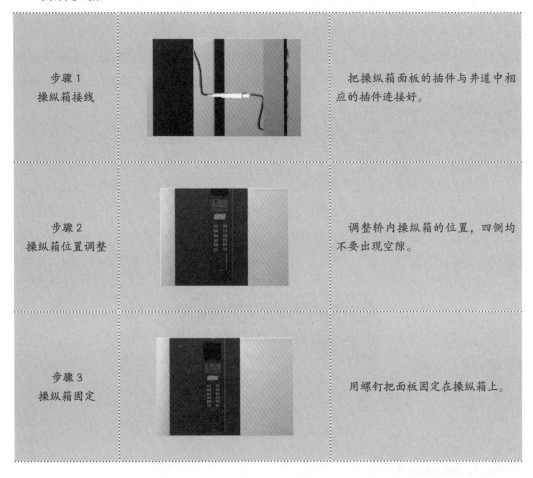

步骤 1 操纵箱接线		把操纵箱面板的插件与井道中相应的插件连接好。
步骤 2 操纵箱位置调整		调整轿内操纵箱的位置，四侧均不要出现空隙。
步骤 3 操纵箱固定		用螺钉把面板固定在操纵箱上。

培训单元 2　轿厢照明、风机安装

培训重点

能够进行轿厢照明、风机的安装

一、轿厢照明

轿厢应设置正常照明和紧急照明装置。在电梯断电情况下，紧急照明自动点亮，应能让乘客看清楚操纵箱上的紧急报警按钮，从而可以操作紧急报警装置向外求救。此外，相对没有光源的封闭空间，轿厢内的紧急照明对等待救援的被困人员也起到一定的心理抚慰作用。

二、轿厢风机

电梯轿厢是一个封闭的空间，正常使用时轿厢顶部需要设置风机（见图1-33）进行通风。当人员被困在电梯中时，轿厢内的通风显得尤为重要，被困人员的呼救、心理焦虑等都导致消耗大量氧气，部分体质较弱的被困人员在通风不良的情况下极易感到不适。

图1-33　轿厢风机

轿厢照明、风机安装

操作准备

1. 设备材料要求

（1）轿厢照明、风扇的规格、型号、质量符合有关要求，各种开关动作灵活可靠。

（2）螺钉、尼龙卡带、绝缘带、黑胶布等规格、性能符合图纸及使用要求。

2. 主要工具

万用表、扳手、电工刀、尖嘴钳、压线钳、钢丝钳等。

3. 作业条件

（1）轿顶安装、调试完毕。

（2）轿顶防护栏安装完毕。

4. 安装技术要求

（1）如果轿厢照明是白炽灯，至少要有两只并联的灯泡。

（2）轿厢应设置永久性的电气照明装置，控制装置上的照度不小于 50 lx，轿厢地板上的照度不小于 50 lx。

（3）使用中的电梯轿厢应有连续照明。对动力驱动的自动门，当轿厢停在层站上，门自动关闭时可关闭照明。

（4）应有自动再充电的紧急照明电源，在正常照明电源中断的情况下能至少供 1 W 灯泡用电 1 小时。正常照明电源一旦发生故障，紧急照明电源应自动接通。

操作步骤

步骤 1 轿厢照明安装		安装轿厢照明灯，把线路接好，在轿顶上走线。
步骤 2 轿厢风机安装		把轿厢的风机安装固定在轿顶预留位置，把线路接好，在轿顶上走线。

注意事项

轿顶走线应不被作业人员踩到，注意风机的安装方向。

培训项目 **4**

自动扶梯设备安装调试

培训单元 1 内外盖板、护壁板、扶手带导轨安装

熟悉自动扶梯的分类和基本结构

能够进行自动扶梯设备的安装

一、自动扶梯的分类

广义的自动扶梯可以划分为自动扶梯和自动人行道，见表 1-2。

表 1-2 广义的自动扶梯分类

图示	说明
	自动扶梯 自动扶梯是带有循环运行梯级，用于向上或向下倾斜运输乘客的固定电力驱动设备。自动扶梯的倾斜角度通常设计为 30° 和 35° 在非运行状态下，自动扶梯不能当作固定楼梯使用

续表

图示	说明
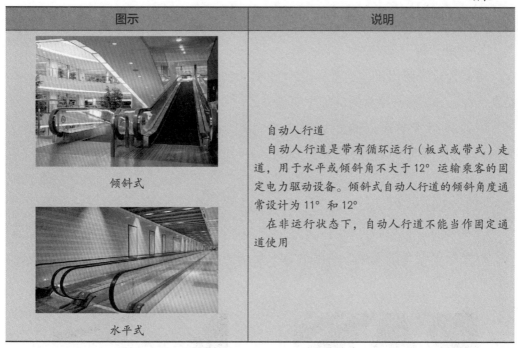 倾斜式 水平式	**自动人行道** 自动人行道是带有循环运行（板式或带式）走道，用于水平或倾斜角不大于12°运输乘客的固定电力驱动设备。倾斜式自动人行道的倾斜角度通常设计为11°和12° 在非运行状态下，自动人行道不能当作固定通道使用

自动扶梯按照安装位置可以划分为室内型和室外型（半室外和全室外型），按照载荷能力可以划分为普通型和公共交通型。

二、自动扶梯的基本结构

自动扶梯和自动人行道是建筑或公共设施中带有循环运动梯级或踏板，且可连续输送乘客的固定电力乘用设施。自动扶梯的结构如图1-34所示。

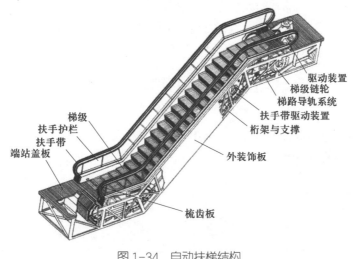

驱动装置
梯级链轮
梯路导轨系统
扶手带驱动装置
桁架与支撑
梯级
扶手护栏
扶手带
端站盖板
外装饰板
梳齿板

图1-34　自动扶梯结构

三、自动扶梯内外盖板、护壁板、扶手带导轨

1. 内外盖板

内盖板是当围裙板和护壁板不相交时，连接围裙板和护壁板的部件，外盖板是连接外装饰板和护壁板的部件，如图1-35所示。

内盖板与水平面的倾斜角不小于25°，水平部分（直到护壁板）应小于30 mm。与水平面所成倾斜角小于45°的每一块内盖板，沿水平方向测得的宽度应小于0.12 m。内盖板折线底部与梯级前缘的连线、踏板或胶带踏面之间的垂直距离不小于25 mm。

2. 护壁板

护壁板是位于围裙板（或内盖板）与扶手盖板（或扶手带导轨）之间的板，如图1-36所示。

图1-35　内外盖板

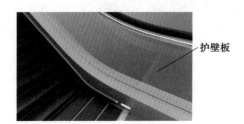

图1-36　护壁板

在护壁板表面任何部位，垂直施加一个500 N的力作用于25 cm^2的面积上，不应出现大于4 mm的凹陷或永久变形。

如果采用玻璃作为护壁板，该种玻璃应是钢化玻璃。单层玻璃的厚度不小于6 mm。当采用多层玻璃时，应为夹层钢化玻璃，并且至少有一层的厚度不小于6 mm。

3. 扶手带导轨

扶手带导轨是指位于扶手盖板上方的部件，如图1-37所示。扶手带导轨用于支撑扶手带，与扶手盖板一体化安装，其材料有冷拉成型钢材（包括不锈钢）、铝合金成型材料、塑料类材料等。当采用塑料类材料时，通常也需要冷拉成型钢材或铝合金成型材料作为骨架结构进行支撑，目的在于降低扶手带运行阻力、方便更换等。

四、自动扶梯防误用装置

1. 防攀爬装置

自动扶梯和自动人行道的外盖板上应装设防攀爬装置（见图 1-38），以阻止人员爬上扶手装置外侧。

扶手带导轨

图 1-37　扶手带导轨

图 1-38　防攀爬装置

2. 防护挡板

如果建筑障碍物会引起人员伤害，则应采取相应的预防措施。尤其是在与楼板交叉处以及各交叉设置的自动扶梯或自动人行道之间，应在扶手带上方设置一个无锐利边缘的垂直防护挡板，如图 1-39 所示。

如果扶手带外缘与任何障碍物之间的距离不小于 400 mm 时，则可以不设防护挡板。

3. 防夹装置

为降低自动扶梯梯级和围裙板之间滞阻的可能性，应装设围裙板防夹装置，如图 1-40 所示。

防护挡板

图 1-39　防护挡板

防夹装置

图 1-40　防夹装置

防夹装置具有以下特点。

（1）由刚性和柔性部件（如毛刷、橡胶型材）组成。

（2）从围裙板垂直表面起的凸起最小为 33 mm，最大为 50 mm。

（3）刚性部件应有 18～25 mm 的水平凸起，并具有符合规定的强度。柔性部件的水平凸起最小为 15 mm，最大为 30 mm。

（4）刚性部件的下表面应与围裙板形成向上不小于 25° 的倾斜角，其上表面应与围裙板形成向下不小于 25° 倾斜角。

（5）围裙板防夹装置边缘为倒圆角。

（6）如果围裙板防夹装置是装设在围裙板上或是围裙板的组成部分，则围裙板应垂直、平滑且是对接缝的。

4. 阻挡装置

当自动扶梯或自动人行道为相邻平行布置，且共用外盖板的宽度大于 125 mm 时，应安装阻挡装置（见图 1-41）。当自动扶梯或自动人行道与墙相邻，且外盖板的宽度大于 125 mm 时，在上、下端部安装阻挡装置，防止人员进入外盖板区域。

5. 防滑行装置

当自动扶梯或倾斜式自动人行道和相邻的墙之间装有接近扶手带高度的扶手盖板，且建筑物（墙）和扶手带中心线之间的距离大于 300 mm 时，应在扶手盖板上装设防滑行装置，如图 1-42 所示。该装置应包含固定在扶手盖板上的部件，与扶手带的距离不小于 100 mm，并且防滑行装置的间隔距离不大于 1 800 mm，高度不小于 20 mm。该装置应无锐角或锐边。

图 1-41　阻挡装置

图 1-42　防滑行装置

技能要求

内外盖板安装

操作步骤

步骤 1　安装夹紧封条

将夹紧封条安装在玻璃支架型材上，可用自攻螺钉紧固。

步骤 2　安装内盖板

将各曲线段及直线段内盖板依次插入夹紧封条中，如图 1-43 所示。轻轻敲打盖板，使其侧缘与围裙板吻合到位，用螺栓紧固各内盖板。

先安装两端的盖板，最后安装中间段可调节盖板，如果尺寸不合适，需要调整或更换中间段可调节盖板。

步骤 3　安装外盖板

安装外盖板支撑架，然后将外盖板连接片插入两块盖板接合处的内侧槽中，用螺钉紧固，如图 1-44 所示。

先安装两端的盖板，最后安装中间段可调节盖板，如果尺寸不合适，需要调整或更换中间段可调节盖板。

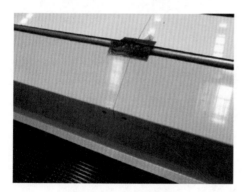

图 1-43　安装内盖板

图 1-44　安装外盖板

护壁板安装

操作步骤

步骤1　放置玻璃衬垫

将玻璃衬垫（见图1-45）放入玻璃支架型材中，防止玻璃爆裂。

步骤2　安装玻璃

先安装端部的玻璃，用真空吸盘将玻璃板慢慢插入预先放好的衬垫中，大块玻璃应由两人以上搬动。每块玻璃之间需要预留缝隙，可采用橡胶垫片进行间隔，如图1-46所示。

图1-45　玻璃衬垫

图1-46　安装玻璃

步骤3　调整玻璃

准确调整玻璃板的位置，调整后玻璃板应竖直，并与玻璃支架型材垂直。应使各相邻玻璃板的接头平齐，接缝均匀（间隙不大于4mm），扶梯两侧的玻璃高度相同。

步骤4　紧固夹紧件

以适当的力紧固玻璃支架型材的夹紧件。

扶手带导轨安装

操作步骤

步骤1　安装扶手支架衬条

预先在玻璃板的端面安装扶手支架衬条。

步骤 2　安装扶手支架

将各段扶手支架（见图 1-47）安装在玻璃板上，进行玻璃板的拼接和固定。如果有非标段支架（即需要在现场测量切割的支架），应最后安装。安装时应注意端部支架的尺寸定位。

先安装上部端头、上回转段、下部端头、下回转段不锈钢扶手支架，再安装中间直线段扶手支架，最后量取非标段扶手支架的长度，使用锯片切割机落料，去毛倒角，装配后保证所有支架完全落位，接头对齐、无错位。

步骤 3　安装端部回转滚轮

端部支架内通常应安装扶手带回转滚轮群，回转滚轮群应齐直、不扭曲，如图 1-48 所示。

图 1-47　扶手支架

图 1-48　端部回转滚轮

自动扶梯防误用装置安装

操作步骤

步骤 1　安装防攀爬装置

（1）定位安装位置。防攀爬装置位于地平面上方（1 000 ± 50）mm，下部与外盖板相交，平行于外盖板方向上的延伸长度不小于 1 000 mm，并应确保在此长度范围内无踩脚处。该装置的高度应至少与扶手带表面齐平。

（2）固定装置。防攀爬装置应使用螺栓固定，防攀爬装置的边缘应无锐角或锐边，太锐利容易造成人员意外伤害。

步骤 2　安装防护挡板

（1）确定安装位置。防护挡板安装高度不应低于 0.3 m，且至少延伸至扶手带下缘 25 mm 处。

（2）固定装置。建议固定保护板厚度为 6 mm 以上，其前端做成无锐利边缘，如直径 20 mm 以上的圆筒状。可采用轻质高强度材料（如丙烯树脂等），牢固固定在天花板、梁或相邻扶梯的底（侧）面。

步骤 3　安装防夹装置

（1）固定支架。按照标准要求的尺寸定位，留出安装毛刷所需的空间，用电钻钻孔。插入十字槽沉头螺钉，使用梅花旋具将毛刷支架固定（也可以提前在围裙板上预留安装螺钉孔，将毛刷支架直接通过螺栓固定），如图 1-49 所示。

毛刷支架固定位置要求如下。

1）在倾斜区段，围裙板防夹装置的刚性部件最下缘与梯级前缘连线的垂直距离应在 25～30 mm 之间。

2）在过渡区段和水平区段，围裙板防夹装置的刚性部件最下缘与梯级表面最高位置的距离应在 25～55 mm 之间。

3）紧固件和连接件不应凸出至运行区域。

4）围裙板防夹装置的末端部分应逐渐缩减并与围裙板平滑相连。围裙板防夹装置的端点应位于梳齿与踏面相交线前 50～150 mm 的位置。

（2）逐段连接防夹装置。逐段连接好毛刷，将毛刷插入支架。

（3）安装端头。安装好毛刷和支架后，在顶端和尾端部分安装 4 个端头（见图 1-50）。

图 1-49　固定支架

图 1-50　毛刷端头

培训单元 2　内外盖板、护壁板、扶手带导轨调试

培训重点

掌握内外盖板、护壁板、扶手带导轨调试的工具和要求

能使用塞尺、抛光机调试内外盖板、护壁板、扶手带导轨间隙和平整度

知识要求

一、工具

1. 塞尺

塞尺（见图 1-51）是一种测量工具，主要用于间隙测量，是由一组具有不同厚度级差的薄钢片组成的量规。

使用塞尺前必须先清除塞尺和工件上的污垢与灰尘。使用时可用一片或数片重叠插入间隙，以稍感拖滞为宜。测量时动作要轻，不允许硬插；也不允许测量温度较高的零件。

2. 电动抛光机

电动抛光机（见图 1-52）是一种电动工具，电动机固定在底座上，固定抛光盘用的锥套通过螺钉与电动机轴相连。抛光织物通过套圈紧固在抛光盘上，电动机通过底座上的开关接通电源启动后，便可对试样施加压力在转动的抛光机上进行抛光。

图 1-51　塞尺

图 1-52　电动抛光机

抛光时不宜长时间抛一个位置，这样不利于热量的散发，抛光时间以抛掉粗抛的损伤层为宜。

二、调试要求

1. 内外盖板调试要求

内外盖板接缝处不应有台阶和明显的缝隙。

2. 护壁板调试要求

护壁板之间的间隙不大于 4 mm，其边缘应呈圆角或倒角状。

两护壁板下部位置各点之间的水平距离（垂直于运行方向测量）不大于其上部对应点位置间的水平距离。

3. 扶手带导轨调试要求

各接头处应平直对齐、光滑而没有毛刺。如果存在毛刺，应用锉刀修整，以免划伤运行的扶手带。

技能要求

内外盖板调试

操作步骤

步骤1 检查接缝处平齐度

检查内外盖板接缝处，应平齐，不应有台阶和明显的缝隙。

步骤2 调整缝隙

通过塞尺测量后，如果不符合要求，可通过抛光机进行磨平处理。

护壁板调试

操作步骤

自动扶梯的护壁板材质一般有玻璃和不锈钢两类，下文以玻璃护壁板为例，介绍护壁板的调试。

步骤 1　检查接缝处平齐度

调整玻璃护壁板，调整后玻璃板应竖直，并与玻璃支架型材垂直。应使各相邻玻璃板的接头平齐、自动扶梯两侧的玻璃高度相同。

步骤 2　调整缝隙

使用塞尺调整缝隙，接缝应均匀，确保护壁板之间的间隙不大于 4 mm。

玻璃护壁板逐块用线坠校正垂直度，保证玻璃间隙为（2±1）mm，测量直线段玻璃的总长度，其偏差在 3 mm 内。

步骤 3　边缘倒角

检查边缘，如果不是圆角，需要进行倒角。

扶手带导轨调试

步骤 1　检查接头平齐度

扶手带导轨接口过渡圆滑，无明显台阶，扶手带导轨无毛刺，以免导致玻璃碎裂。

步骤 2　抛光毛刺

检查边缘，如果不是圆角，需要使用锉刀（或抛光机）进行倒角，如图 1-53 所示。

图 1-53　用锉刀抛光毛刺

理论知识复习题

一、判断题（将判断结果填入括号中。正确的填"√"，错误的填"×"）

1. 限速器是防止轿厢向下超速或坠落的安全保护装置，对于对重装置的下行超速或坠落没有保护作用。　　　　　　　　　　　　（　　）

2. 限速装置由限速器、钢丝绳两部分构成。　　　　　　　　（　　）

3. 限速器按照其动作原理可以分为摆锤式和离心式两种。　　（　　）

4. 对重（或平衡重）安全钳的限速器动作速度应大于规定的轿厢安全钳的限速器动作速度，但不得超过10%。　　　　　　　　　　　（　　）

5. 装有机械选层器的电梯，通过选层器的触点接通来获取层楼信息。（　　）

二、单项选择题（选择一个正确的答案，将相应的字母填入题内的括号中）

1. 安装限速器时，限速器轮的垂直度不应大于（　　）mm。

A. 1　　　　　　B. 0.5　　　　　　C. 0.05　　　　　　D. 0.1

2. 电梯线槽内导线总截面积不得大于线槽总截面积的（　　）。

A. 30%　　　　　B. 40%　　　　　C. 50%　　　　　D. 60%

3. 轿厢地坎与层门地坎间的水平距离应（　　）mm。

A. < 30　　　　　B. ≤ 35　　　　　C. ≤ 30　　　　　D. < 35

4. 轿门门刀部件与层门地坎之间的间隙为（　　）mm。

A. 5 ~ 10　　　　B. 3 ~ 8　　　　C. 5 ~ 8　　　　D. 10 ~ 15

5. 自动扶梯的玻璃护壁板的接缝应均匀，间隙不大于（　　）mm。

A. 2　　　　　　B. 3　　　　　　C. 4　　　　　　D. 5

理论知识复习题参考答案

一、判断题

1. ×　2. ×　3. √　4. √　5. √

二、单项选择题

1. B　2. D　3. B　4. A　5. C

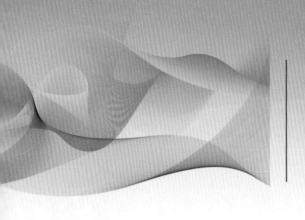

职业模块 ② 诊断修理

内容结构图

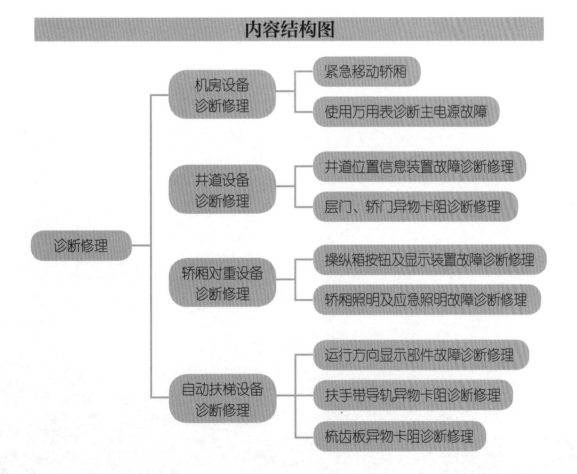

- 诊断修理
  - 机房设备诊断修理
    - 紧急移动轿厢
    - 使用万用表诊断主电源故障
  - 井道设备诊断修理
    - 井道位置信息装置故障诊断修理
    - 层门、轿门异物卡阻诊断修理
  - 轿厢对重设备诊断修理
    - 操纵箱按钮及显示装置故障诊断修理
    - 轿厢照明及应急照明故障诊断修理
  - 自动扶梯设备诊断修理
    - 运行方向显示部件故障诊断修理
    - 扶手带导轨异物卡阻诊断修理
    - 梳齿板异物卡阻诊断修理

培训项目 ① 机房设备诊断修理

培训单元 1　紧急移动轿厢

掌握有机房电梯紧急移动轿厢的方法

掌握无机房电梯紧急移动轿厢的方法

能够紧急移动有机房电梯轿厢

能够紧急移动无机房电梯轿厢

一、有机房电梯紧急移动轿厢的方法

1. 紧急电动运行

（1）在电梯安装、改造、修理、保养、应急救援过程中，经常需要紧急移动轿厢到合适位置，便于完成后续工作。此时，首先应确认机房处于紧急电动运行状态，并确保电梯只有在点动上下运行按钮控制的前提下才能运行。为确保操作的安全性，紧急电动运行时应防止轿厢内有乘客被困。

（2）紧急电动运行时，安全钳开关、限速器开关、上行超速保护装置上的安全开关、极限开关、缓冲器开关应失效。检修运行一旦实施，紧急电动运行应失效。

（3）机房慢车为紧急电动运行，其他位置的慢车为检修运行。

（4）紧急电动运行操作装置位于机房控制柜，如图2-1所示。

图 2-1　控制柜紧急电动运行操作装置

2. 轿顶检修运行

电梯处于正常运行状态下，检修工以安全的方式进入轿顶，检测上下运行按钮及公共按钮是否正确有效，轿顶点动检修运行到合适位置，按下急停按钮进行下一步工作（无机房电梯的轿顶检修运行与有机房电梯一致）。轿顶检修箱及检修箱上的照明灯、急停按钮、正常/检修转换开关、上下运行按钮及公共按钮如图 2-2 所示。

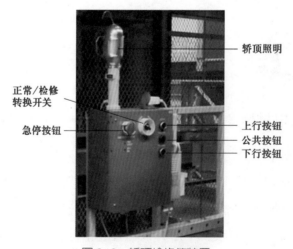

图 2-2　轿顶检修箱装置

3. 盘车移动轿厢

（1）切断主电源，挂牌上锁，仔细阅读并理解机房手动开闸装置的使用说明。到达轿厢所在楼层查看轿厢位置，确认移动轿厢无撞击等风险，估算轿厢内载重量，预测电梯盘车方向及轿厢需要通过盘车到达的位置，该位置一般为平层区。盘车时应确保轿门及层门关闭。

（2）拆除主机上的盘车开关（如有），至少一人盘车，另一人利用手动开闸装置打开制动器，两人配合点动移动轿厢，通过显示灯或钢丝绳观察并标记轿厢位置，直到轿厢到达目的位置。

（3）电梯在盘车时要求在醒目位置有电梯上行或下行标记，该标记一般在盘车手轮上（见图 2-3）。

（4）不同主机的盘车装置、手动打开制动器装置的外形有所不同，但基本原理与结构类似，如图 2-4 所示。

图 2-3　盘车手轮

盘车手轮　　开闸手柄　　　　盘车手轮孔　　　　　手动开闸扳手
　　　a)　　　　　　　　　　b)　　　　　　　　　　c)

图 2-4　盘车装置

a）有齿轮主机　b）无齿轮钢丝绳曳引主机盘车手轮　c）无齿轮钢丝绳曳引主机制动器

二、无机房电梯紧急移动轿厢的方法

1. 紧急电动运行

一般无机房电梯顶楼设有紧急操纵盘，打开紧急操纵盘，将电梯转换至紧急电动运行状态，查看紧急操纵盘上的紧急操纵说明书，按照说明书要求操作。无机房电梯紧急电动运行按钮一般安装于顶楼的紧急操纵盘内，如图 2-5 所示。

2. 厅外手动移动轿厢

（1）当无机房电梯不能启动运行时，需采用手动方式移动轿厢。打开紧急操纵盘，将电梯转换至紧急电动运行状态，切断主电源，到达轿厢所在楼层查看轿厢位置，确认移动轿厢无撞击等风险，估算轿厢内载重量，预测电梯盘车方向。

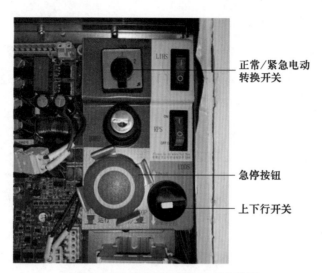

图 2-5　无机房电梯紧急电动操作装置

（2）查看紧急操纵盘上的紧急操纵说明书，按照说明书要求操作，移动轿厢到目的位置。例如，OTIS 电梯采用按下 BRB1 按钮，同时旋转 BRB2 开关的方法打开制动器移动轿厢，电梯控制系统会控制制动器打开时间，监控电梯运行速度，利用轿厢与对重重量不一致导致的不平衡使电梯移动到目的位置；如果轿厢与对重重量平衡，则应采取措施打破轿厢与对重间的重量平衡。厅外手动移动轿厢装置如图 2-6 所示。

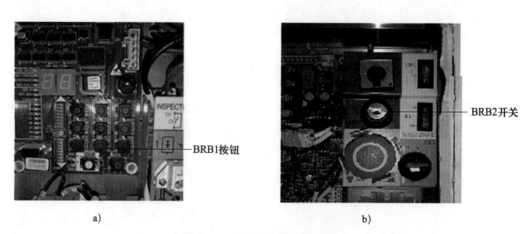

a)　　　　　　　　　　　　　　　　　b)

图 2-6　厅外手动移动轿厢装置

a）无机房电梯紧急操纵盘主板　b）无机房电梯紧急操纵盘操纵开关

技能要求

有机房电梯紧急电动运行

操作步骤

步骤 1　确认轿厢内无乘客

查看轿厢位置，估算轿厢需要移动的方向和距离。进入机房，通过对讲机通话确认电梯轿厢内无乘客，如图 2-7 所示。一次对讲机通话无法保证轿厢内无乘客，因此，需慢车点动上下运行几次后，再次通过对讲机通话确认轿厢内无乘客。如果多台电梯使用同一机房，应确认电梯的电源箱编号、主机编号、控制柜编号一致后，方可开始操作。

步骤 2　转紧急电动运行

在控制柜内，将正常 / 紧急电动转换开关顺时针旋转至紧急电动运行。

步骤 3　按下手动按钮

按住控制柜内检修盒上的上行或下行按钮数秒钟，控制柜内的继电器或接触器吸合，电梯启动，打开并观察主机制动器，曳引轮旋转，如图 2-8 所示，对照曳引轮旋转使电梯运行方向与按钮方向一致。

图 2-7　通过对讲机通话确认轿厢内
无乘客

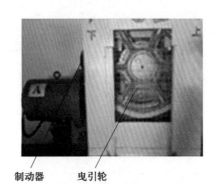

制动器　　曳引轮

图 2-8　按下手动按钮并观察

步骤 4　移动轿厢

电梯运行后，可以根据机房信息估算或确定轿厢大致位置。电梯轿厢需移动到平层位置，应观察控制板上的平层指示灯，当钢丝绳标记与平层标记平齐时，轿厢应已移动到开锁区域。观察曳引轮旋转角度，可估算轿厢大致移动距离。平层指示灯及平层标记如图 2-9 所示。

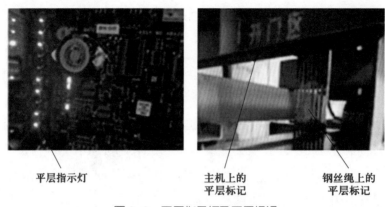

平层指示灯　　　　　　主机上的　　　　钢丝绳上的
　　　　　　　　　　　平层标记　　　　平层标记

图 2-9　平层指示灯及平层标记

注意事项

1. 确保电梯层门、轿门都关闭后，方可启动紧急电动运行。

2. 紧急电动运行时应确保井道无其他人员，否则应在作业人员的指挥下运行。

3. 运行时观察钢丝绳，应在曳引轮上不打滑，与曳引轮一起移动。

4. 运行时关注钢丝绳移动方向，应与按钮方向一致。

5. 通过观察平层指示灯或钢丝绳标记判断轿厢位置。

6. 紧急电动运行电梯时，避免一次性连续长距离运行电梯。

轿顶检修运行

操作步骤

步骤 1　打开及固定层门

在基站、轿厢内及操作层设置防护栏，起隔离和警示作用。按下外呼按钮，将电梯运行到操作层。按下一层和最低层指令按钮后走出轿厢，电梯自动关门，启动下行。通过厅外紧急开锁装置打开层门，打开的门缝间隙要小，确保人员无法进入，防止坠落风险。使电梯停在可进入轿顶的合适位置，使用顶门器固定层门，如图 2-10 所示。

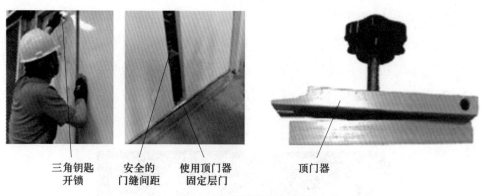

三角钥匙　　安全的　　使用顶门器　　　　顶门器
　开锁　　　门缝间距　　固定层门

图 2-10　打开及固定层门

步骤 2　测试层门门锁

按上行或下行外呼按钮，如图 2-11 所示，等待足够的时间后，确认轿厢不能移动，证明层门开启后门锁回路不通，电梯不能启动运行，验证该层门门锁开关有效。

步骤 3　测试急停按钮

打开层门，仅允许手臂进入井道，按下急停按钮（见图 2-12）后关闭层门。按上行或下行外呼按钮，等待足够的时间后，打开较小的层门开口，观察轿厢，如果不能移动证明按下轿顶急停按钮后安全回路不通，电梯不能启动运行，验证急停按钮有效。

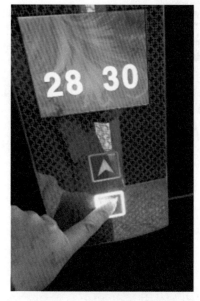

图 2-11　按下外呼按钮

图 2-12　按下急停按钮

步骤4 测试检修开关

打开层门，仅允许手臂进入井道，旋转正常/检修转换开关至检修位置，如图2-13所示。复位急停按钮，关闭层门。按上行或下行外呼按钮，等待足够的时间后，打开较小的层门开口，观察轿厢，如果不能移动证明轿顶电梯已处于检修状态，电梯不能自动启动运行，验证轿顶正常/检修转换开关有效。

图2-13 旋转正常/检修转换开关

步骤5 进入轿顶

打开层门，按下急停按钮，打开轿顶照明，如图2-14所示。进入轿顶，缓慢关闭层门，根据轿顶布局，站立在合适的位置。

图2-14 打开轿顶照明

步骤6 测试运行按钮

复位轿顶急停按钮，先下后上分别测试下行按钮、公共按钮和上行按钮，确保按钮方向与电梯运行方向一致，确保每个按钮按下、释放有效。当下行和公共按钮同时按下时电梯下行，释放任何一个按钮后电梯无减速立即停止，上行同理。轿顶测试运行按钮如图 2-15 所示。

注意事项

1. 轿顶上有作业人员时，电梯应处于检修状态。

2. 在轿顶上作业时，应按下急停按钮。

3. 在轿顶上运行时，不能进行任何其他操作。

图 2-15　轿顶测试运行按钮

4. 在轿顶上运行时，身体的任何部位不能超出轿厢边缘。

5. 在轿顶上时，应防止轿顶部件、工具等意外坠入底坑，轿顶上不放置与工作无关的物品。

6. 应由轿顶作业人员完全控制电梯。

7. 不得斜靠、趴伏在轿顶防护栏上。

有机房电梯盘车移动轿厢

操作步骤

步骤 1　转紧急电动运行

进入机房后，将正常 / 紧急电动转换开关顺时针旋转至紧急电动运行，如果多台电梯使用同一机房，应确认电梯的电源箱编号、主机编号、控制柜编号一致后开始操作。

步骤 2　切断主电源

在电梯停止状态切断主电源，如图 2-16 所示，断开时不应正视自动空气断路器，防止其拉弧短路。

步骤 3　安装盘车装置

如果电梯配置的是可拆卸式盘车手轮，将盘车手轮安装到主机对应位置，如图 2-17 所示。如果电梯配置的是飞轮，该飞轮可作为不可拆卸的盘车手轮使用。

步骤 4　移动轿厢

（1）盘车前，应通过轿厢内重量预估打开制动器后盘车手轮的旋转方向。

图 2-16　断开电梯主电源

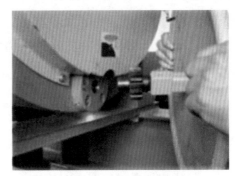
图 2-17　安装盘车手轮

（2）盘车移动轿厢至少需两人配合操作，一人盘车，另一人手动打开制动器。

（3）打开制动器后，应通过盘车将电梯保持在停止状态，该盘车扭力大小与轿厢、对重的重量平衡状态有关。

（4）第一次应快速打开制动器，判断保持盘车手轮不旋转所需的扭力，可以通过多次测试，判断一人是否能完全控制盘车手轮，否则应由两人或多人控制盘车手轮。

（5）打开制动器的人与盘车的人合作完成整个操作，每次打开制动器后盘车手轮旋转不大于半圈，以确保换手盘车时电梯处于制动器制停状态。

（6）盘车结束，释放制动器，通过盘车手轮验证制动器释放可靠，取下盘车手轮。

盘车操作如图 2-18 所示。

注意事项

1. 盘车前检查制动器无卡阻，手动打开制动器装置无异常。

2. 确保盘车时电梯层门、轿门关闭，层门锁紧元件处于锁紧状态。

3. 控制轿厢移动速度和频率，严禁持续移动轿厢。

4. 盘车结束后，应通过盘车手轮验证制动器完全释放，制动力能可靠制停轿厢。

图 2-18　盘车操作

无机房电梯紧急电动运行移动轿厢

操作步骤

步骤 1 转紧急电动运行

到达顶楼，打开层门外无机房电梯的紧急操作箱，打开操作箱照明，通过对讲机通话确认轿厢内无乘客，在紧急操作箱内将电梯转紧急电动运行，上下点动运行电梯，再次通过对讲机通话确认轿厢内无乘客。

步骤 2 旋转上下行开关

旋转上行或下行开关，如图 2-19 所示，听到紧急操作箱内有接触器或继电器吸合声后，继续保持开关动作，直到电梯启动运行。可通过井道内电梯主机运转声来判断电梯是否已经启动，也可通过电梯控制电路板指示灯来判断。

步骤 3 移动轿厢

电梯启动后，应仔细观察电梯控制电路板指示灯，判断电梯运行方向和到达位置。当电梯运行到目的位置后，旋转上下运行开关（或松开上下运行按钮）。电梯控制电路板指示灯如图 2-20 所示。

图 2-19　旋转电梯上下行开关

图 2-20　电梯控制电路板指示灯

注意事项

1. 确认层门与轿门全部关闭。

2. 轿厢在顶楼开门状态运行时，应防止轿门地坎与层门地坎间的剪切伤害。

3. 当使用门旁路系统短接层门或轿门回路运行时，应有防止剪切伤害的措施。

无机房电梯厅外手动移动轿厢

操作步骤

步骤1 转紧急电动运行

打开顶楼层门外的紧急操纵箱，将电梯转紧急电动运行。

步骤2 切断主电源

向下拨动自动空气断路器，切断三相输入主电源，如图2-21所示。

步骤3 按下手动按钮

根据顶楼层门外的紧急操纵箱内移动轿厢的MRO（手动救援装置）说明书（见图2-22），采用电气或机械方法移动轿厢。

图2-21 切断无机房电梯三相输入主电源

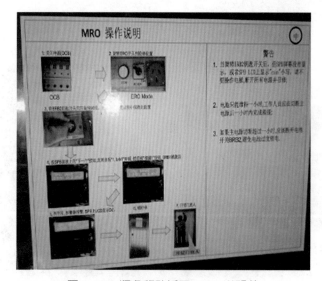

图2-22 紧急移动轿厢MRO说明书

步骤4 移动轿厢

1. 间断性移动轿厢时，可以根据井道内轿厢移动和停止时发出的声音判断轿厢是否移动。电气方式移动时可根据轿厢平层指示灯判断轿厢位置，机械方式移动时可通过估算判断轿厢位置，打开层门查看确认轿厢位置。

2. 判断轿厢不能移动的原因是制动器不能打开还是轿厢和对重重量处于平衡。

如果制动器不能打开，应查明原因，针对性处理。轿厢和对重重量处于平衡时，应查看厂家随机文件，按资料要求处理。

注意事项

1. 确认层门与轿门全部关闭。

2. 确保轿厢每次移动时间较短或根据设计要求自动移动。

3. 避免一次性连续移动较长时间或距离。

培训单元2　使用万用表诊断主电源故障

掌握用万用表测量电压、电阻、电流的方法

掌握用万用表测量电梯电源电压的方法

能够使用万用表诊断电梯主电源故障

一、万用表的使用方法

使用万用表前应先检查，要求其外表清洁，按钮及开关正常，表面无破损。打开电池盖，电池外表正常。检查万用表测试表笔，表笔完好无破损。利用漏电保护器先进行测试，测试正常方可使用。

1. 用数字式万用表测量电压或电阻

（1）数字式万用表一般使用内置9 V电池。无电池时数字式万用表的显示屏无显示，万用表不可使用。当电池电荷量不足时，显示屏会显示电荷量不足，此时的测量值会高于实际值，电池电荷量越低，偏差值越大。

（2）用数字式万用表测量电压时，万用表会快速从表笔上提取数样，并根据数样值计算电压值，因此，万用表适用于测量 50 Hz 的交流电或直流电，使用数字式万用表测量变频器输出电压误差可能较大。

（3）用数字式万用表测量直流电压时，红表笔接正极，黑表笔接负极，如图 2-23 所示。用万用表测量直流电压，如图 2-24 所示。用万用表测量电阻，如图 2-25 所示。

图 2-23　用万用表测量交流电压　图 2-24　用万用表测量直流电压　图 2-25　用万用表测量电阻

2. 用指针式万用表测量电压或电阻

（1）指针式万用表如图 2-26 所示，表笔使用与数字式万用表一致。当电池电荷量不足时，测量的电阻值读数比实际值大。

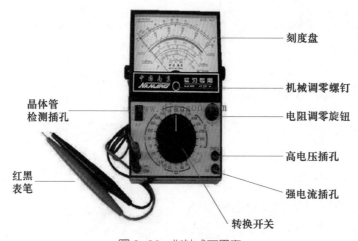

图 2-26　指针式万用表

（2）用指针式万用表测量电压时，不使用内置电池，测量的是电路电压有效值，与内置电池电荷量无关。

二、电梯主电源的测量及判断

1. 主电源开关一般为自动空气断路器，电源从自动空气断路器的上部输入，下部输出。切断主电源后，主电源开关输入侧有电压，输出侧应无电压。

2. 在修理电梯电气部件时，需要切断电源后操作，通过测量主电源，验证主电源已经完全切断。切断并验证主电源后，在进行可能接触带电回路的操作前，应再次测量该导电回路，确保安全。

3. 电源电压要在额定电压范围内，电压偏低会导致电动机驱动电流偏大，电气部件容易发热，表现为变频器允许负载减小，易发生过载保护、过电流保护甚至过热保护，长期如此易损坏变频器的驱动模块，缩短变频器的使用寿命；运行电流的增大也会导致驱动电动机发热量增加，电动机过热，缩短电动机的使用寿命。

4. 主电源三相不平衡，会增加变频器动力处理模块的负荷，缩短变频器的使用寿命。

技能要求

使用数字式万用表测量并判断电梯主电源

操作步骤

步骤 1　转紧急电动运行

通过控制柜将电梯转紧急电动运行。

步骤 2　查阅原理图

当同一机房有多部电梯时，应先确认电梯电源箱、控制柜、主机编号一致，确保测量电梯电压无误；通过查阅图纸，确保在控制柜上测量时测量点正确。

步骤 3　切断主电源或带电测量主电源电压

（1）断开主电源时，操作人员不面对、不目视主电源开关。

（2）测量主电源电压时，不需要切断主电源，将万用表挡位转至最大交流电压挡，检查万用表表笔无破损，指针式万用表需调零后进行测量。测量点可为主电源开关输出端子，即在自动空气断路器的下端子测量，也可以在控制柜输入端测量。测量时先测量相电压，再测量线电压，如图 2-27 所示。

主电源上测量相电压

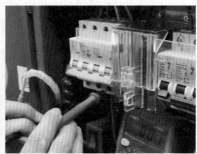
主电源上测量线电压

控制柜内测量相电压

控制柜内测量线电压

图 2-27　测量主电源和控制柜内电压

注意事项

1. 禁止使用电阻挡测量电压。

2. 测试电压或电流前，先将电流表转至相应电压或电流的最大量程。

3. 测试电流前先确认导线是否接通，若测试导线显示开路，则不能使用。

4. 测量电流前，先将仪表归零。仪表归零可消除读数中的直流偏移（环境噪声）。

培训项目 2

井道设备诊断修理

培训单元 1　　井道位置信息装置故障诊断修理

培训重点

熟悉端站位置开关和楼层信号开关的种类和特点
能够更换平层光电开关

知识要求

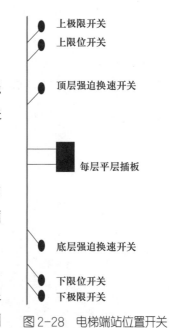

图 2-28　电梯端站位置开关

一、端站位置开关

端站位置开关是防止电梯超越行程的开关，分为强迫换速开关、限位开关、极限开关三种，端站位置开关如图 2-28 所示。

1. 强迫换速开关

强迫换速开关一般安装在接近端站的位置，电梯向端站运行的正常减速点位置，如果没有减速，电梯轿厢运行可能超越端站平层位置，造成故障。

2. 限位开关

限位开关是电梯运行超越端站平层位置后的单向限制运行开关，可以在正常运行状态和检修运行状态分别

85

起作用，也可以仅在检修状态起作用，一般在紧急电动运行时不起作用。限位开关最主要的作用是防止井道作业时，作业人员因不小心越程断开极限开关使电梯越程停车，可能导致作业人员被困井道的事故。有的电梯厂家采用虚拟限位功能，当强迫换速开关和平层信号同时输入电梯主控板时，电梯不能单向运行，只能反向运行。

3. 极限开关

极限开关一般串接在安全回路内，当电梯轿厢超越行程，在限位开关动作后继续运行时，极限开关断开，电梯停止运行。

二、楼层信号开关

楼层信号开关分两种，分别是减速开关和平层开关。

1. 减速开关

电梯的楼层减速信号一般由脉冲信号发出，即电梯运行时脉冲数随之改变，当轿厢运行到减速位置时，脉冲数达到预定数值，电梯发出减速信号。对于某些速度较低的电梯，单层运行速度与多层运行速度无差异时，井道每个楼层装有上下减速开关，当电梯运行到目的层减速位置时，该开关动作，电梯发出减速信号，同时，电梯楼层数切换成该楼层的数字。

2. 平层开关

平层开关是电梯减速运行到平层时动作的开关，对于零速制动的电梯，该开关动作，电梯马上发出减速制动，电梯停车，平层开关动作与电梯停车的速度位置关系如图 2-29 所示。由于零速制动的减速制动是驱动电动机的电气制动，无论上行还是下行，无论轿厢空载还是满载，减速制动斜率不变，制动距离为平层插板长度的一半，电梯平层准确度非常高。对于某些低端电梯，如双速货运电梯、

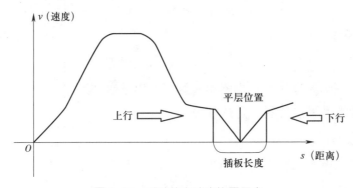

图 2-29　减速停车速度位置示意

单速杂物电梯，由于不是零速制动，停车制动斜率与轿厢载重有关，电梯平层准确度误差较大。

平层光电开关更换

操作步骤

步骤 1 检查故障

（1）向使用人员了解故障现象。故障现象主要包括电梯平层不准确、停车时电梯振动、电梯平层时楼层显示发生错误、电梯关门后自动运行到端站进行复位、电梯故障发生后在平层区域或开锁区域保护、电梯不能启动运行等。

（2）根据电梯运行现象初步判断电梯故障与平层信号有关，发生电梯故障的所在楼层不固定，可以判断故障是由于轿顶平层光电开关的信号异常。如果该故障发生在某个固定楼层时，可以判断故障与轿厢所在楼层有关。故障往往是由于平层插板的安装位置不正确，或由于随行电缆线中的光电开关输入、输出导线断路而导致的。

（3）在电梯基站、轿厢内设置警示标志或防护栏。

（4）进入机房，通过对讲机确认轿厢内无乘客，电梯转紧急电动运行，电梯运行，再次通过对讲机确认轿厢内无乘客。

（5）将电梯转正常运行状态，同时切断电梯响应外呼的功能，切断电梯自动开关门的功能。

（6）通过控制柜操纵电梯，使电梯在各楼层间上下快车试运行，观察电梯轿顶平层光电指示灯（见图 2-30），如果发现指示灯异常，基本可以判断轿顶平层光电故障。不同电梯控制方式，轿顶平层光电开关数不同，紧急电动运行通过平层插板，观察指示灯的变化，判断损坏的光电开关，便于到达轿顶后对照判断故障光电开关，确认故障。

步骤 2 进入轿顶

（1）将电梯运行到顶楼，在顶楼层门口分别验证电梯的层门门锁开关、轿顶急停按钮、轿顶正常/检修转换开关有效后进入轿顶。

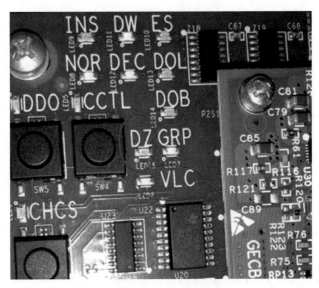

图 2-30　轿顶平层光电指示灯

（2）复位轿顶急停按钮，先下后上测试轿顶慢下按钮、公共按钮、慢上按钮有效后将电梯运行到顶楼下一层平层位置，检查平层光电开关安装位置、线路紧固、光电开关指示灯状态。

（3）发现光电开关指示灯异常，基本判断为指示灯异常的光电开关损坏，也有可能是光电开关的输入电源故障。

（4）将电梯向上运行到顶楼进出轿顶合适的位置，按下急停按钮，手动遮挡疑似故障的光电开关，观察光电开关指示灯变化，如果指示灯变化异常，使用万用表直流挡测量光电开关的输入和输出线路电压，如果输入正常、输出异常，可以确认为光电开关故障。

步骤 3　修复平层光电故障

（1）走出轿顶，进入机房。

（2）切断主电源，挂牌上锁，验电。

（3）取一个同规格同型号的光电开关。

（4）打开顶楼层门，进入轿顶，注意安全。

（5）拆除损坏的光电开关，标记光电开关的 3 根导线。

（6）安装新的光电开关，将 3 根导线按照标记接入轿顶接线箱。

步骤 4　复位电梯

（1）走出轿顶，进入机房，上电。

（2）进入轿顶，手动遮挡光电开关，观察光电开关指示灯正常，分别在遮挡和没有遮挡光电开关的情况下测量光电开关输出电压，电压正常。

（3）复位轿顶急停按钮，将电梯运行到顶楼下一层平层位置，确认光电开关的安装位置正常，在插入插板和脱出插板的情况下确认光电开关指示灯正常。

（4）走出轿顶，分别复位轿顶急停按钮、正常/检修转换开关，关闭照明，关闭层门。

（5）到达机房，电梯正常上下各楼层试运行，确认平层信号指示灯正常，电梯运行无故障。

（6）复位电梯主控板，使电梯恢复响应外呼功能、电梯自动开关门功能。

（7）进入轿厢，电梯上下试运行无异常。

（8）移除警示标志或防护栏，电梯交付使用。

注意事项

1. 更换光电开关应在光电开关电路失电的情况下操作，避免短路、导线接入不正确等操作损坏光电开关。

2. 由于该类故障的发生带有偶然性，所以应尽可能使用不止一种手段判断故障原因，提高修理效率。

3. 多次从同一楼层进出轿顶只需第一次验证层门门锁开关、轿顶急停按钮和正常/检修转换开关。

4. 多次进出轿顶更应确定轿顶急停按钮、正常/检修转换开关的状态，避免误操作发生危险。

培训单元 2　层门、轿门异物卡阻诊断修理

培训重点

熟悉电梯层门、轿门卡阻导致的电梯开关门故障

能够诊断修理层门、轿门异物卡阻

一、层门、轿门的运动要求

1. 当轿门与层门没有啮合在一起时，层门应在开门方向的任何位置都能自动关门，并使层门门锁钩锁紧。

2. 当轿门与层门处于啮合状态，即轿厢处于开锁区域，无外力时，电梯层门、轿门处于停止状态，无须具备自动关门的要求，能从轿厢内扒开轿门和层门。

二、层门、轿门的开关门卡阻

层门、轿门的开关门卡阻分为机械调整不当卡阻和异物卡阻。

1. 机械调整不当卡阻

（1）层门发生机械调整不当卡阻时，强迫关门功能可能失效，层门的防坠落保护功能降低，坠落安全风险增大。层门机械卡阻原因包括层门挂板上偏心轮无间隙，层门挂板在层门悬挂系统中与其他部件间隙偏小或有刮擦，层门与立柱、门楣等有刮擦，地坎踏板不平导致门扇与地坎踏板上表面刮擦，门扇与地坎滑块槽不平行导致门扇滑块与滑块槽边缘压紧刮擦等。其中，以门扇滑块与滑块槽边缘压紧刮擦卡阻较为常见，如图2-31所示。

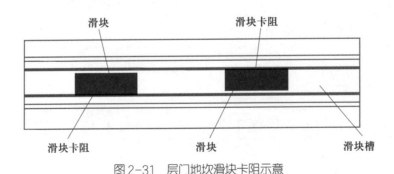

图2-31　层门地坎滑块卡阻示意

（2）轿门发生机械调整不当卡阻时，一般不会发生轿门不能开关门的状况，但往往会产生开关门噪声、门扇刮擦影响美观等现象。

2. 异物卡阻

（1）层门挂板导轨上有积尘，在开关门过程中，积尘受挂轮的推动，会积聚在挂轮运动的终点，对于轿门装有异步门刀机构的层门，关门到终点时层门的关门力来自于强迫关门，由于强迫关门力矩较小，常常导致层门门扇不能关到位，电梯不能启动运行。轿门挂板导轨也有积尘现象，但由于轿门由门电动机驱动开关门，导轨积尘基本不影响轿门的正常开关门。

（2）不论层门还是轿门，门扇地坎滑块槽有异物时，易卡阻门扇的运动。如果异物在滑块的关门方向，易导致无法关门；如果异物在门扇的开门方向，易导致门扇无法打开；如果异物在门扇两滑块中间，电梯可能无法开门或关门。门扇滑块被异物卡阻后，手动推拉门扇不一定能排除故障。门扇滑块被异物卡阻示意如图 2-32 所示。

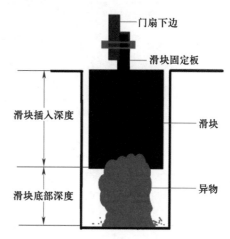

（3）门扇滑块插入滑块槽的深度应符合生产厂家的要求。如果插入深度不足，滑块底部深度增加，虽然降低了滑块异物卡阻的概率，但会导致门扇防撞击能力不符合要求；滑块过度插入滑块槽，滑块底部深度不足，易引起门扇滑块异物卡阻故障。

图 2-32　门扇滑块被异物卡阻示意

技能要求

移除层门滑块槽卡阻门扇的异物

操作步骤

步骤 1　设置防护

（1）层门卡阻时，轿厢一般停在故障楼层的平层位置。

（2）在电梯基站设置警示标志或防护栏。

（3）在故障楼层的层门口设置防护栏。

（4）手动检查层门，如果门电动机的开关门力明显，影响检查及修理，应切断门机系统电源。

（5）到达机房，将电梯转检修或紧急电动运行状态，切断电梯主电源，并锁闭。

步骤 2　检查故障状况

手动开关门，检查层门门扇的卡阻情况。一般情况下可以通过工具移除卡阻层门的异物。如果无法直接移除异物，应进入轿顶后进行操作。

步骤3　排除故障

（1）进入机房，通过层门门锁开关的旁路系统使层门门锁失效。

（2）如果没有门锁旁路系统，检查电梯原理图，确定短接点。

（3）短接层门门锁回路。

（4）电梯上电，慢车下行，将电梯运行到方便进入轿顶的位置。

（5）安全地进入轿顶，复位轿顶急停按钮。

（6）电梯下行到方便检查层门地坎的位置。

（7）移除卡阻层门地坎的异物。

（8）检查该层门，确保无异常。

（9）检修上行，检查层门的门锁滚轮与门刀的位置，确保位置正常。

步骤4　复位电梯

（1）将电梯运行到方便走出轿顶的位置，按下急停按钮。

（2）打开层门，走出轿顶，分别复位检修、照明、急停按钮，关闭层门。

（3）到达机房，切断电源，移除短接线或复位层门的门锁旁路系统，电梯慢车试运行无异常。

（4）将电梯转正常运行，确认自动开关门无异常。

（5）进入轿厢，将电梯运行到原故障楼层，确认电梯开关门无异常。

（6）移除警示标志或防护栏，电梯交付使用。

注意事项

1. 在短接和移除短接线时，应避免带电操作。

2. 当轿厢不在故障楼层时，不应在层门外移除地坎滑块槽异物。

3. 电梯投入使用前应确认门锁滚轮与门刀的位置符合使用要求，防止层门受外力作用导致层门门锁或门刀的安装位置改变，防止运行时门刀撞击层门门锁门球。

4. 移除异物时，不能使用蛮力，以防门扇变形。

培训项目　③

轿厢对重设备诊断修理

培训单元 1　操纵箱按钮及显示装置故障诊断修理

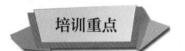

熟悉操纵箱按钮的故障现象及原因
能够诊断修理操纵箱按钮及显示装置故障

一、召唤按钮故障

召唤按钮单一、部分或全部失效，如图 2-33 所示。

控制系统按钮失效的原因主要有两种：一是按钮故障，按钮线路、部件或设置导致的失效；二是通信故障，通信线路及其部件异常导致的失效。

按钮是乘客使用电梯时接触最频繁的部件，它的异常将直接导致乘客无法正常使用电梯。应当依据故障现象和故障记录，判断问题的潜在原因并罗列查找故障的优先级。

图 2-33　按钮失效

召唤按钮常见故障、原因及解决办法见表2-1。

表2-1　召唤按钮常见故障、原因及解决办法

故障	可能原因	解决办法
按下按钮灯不亮，但有响应	按钮灯损坏	更换按钮
	按钮灯线路异常	检修按钮灯线路
	通信站损坏	更换通信站
按下按钮灯不亮，也没有响应	按钮损坏	更换按钮
	通信线路异常	检修通信线路
	通信站设置错误	检查通信站设置
	召唤设置错误	检查召唤使能设置
按下按钮灯亮，但没有响应	电梯出现故障系统锁定	检修电梯控制系统故障
	电梯在其他楼层被占用超时	检查其他楼层是否有人或物挡住门
电梯运行到错误楼层	有盲层且楼层地址设置错误	检查盲层设置与实际井道信息是否有出入
电梯运行中按钮灯闪烁	通信信号受到强电干扰	检修通信线路及其部件是否正常，确认通信信号线路与强电隔离
	通信站设置冲突	检查通信站设置
	电梯在司机模式下运行	检查司机模式提醒功能

二、显示器故障

显示器故障（见图2-34）会导致无法给乘客提供正确的乘梯导向，可能会造成乘客恐慌。

图2-34　显示器故障

显示器常见故障、原因及解决办法见表 2-2。

表 2-2 显示器常见故障、原因及解决办法

故障	可能原因	解决办法
显示楼层 不正确	显示设置错误	检查楼层显示设置
	有盲层，导致楼层显示错误	检查盲层设置与实际井道信息是否相符
无显示 但可呼梯	显示器线路异常	检修显示器线路
	显示器损坏	更换显示器
闪屏、白屏	显示器损坏	更换显示器
缺码	显示器损坏	更换显示器
一直显示 满载运行	满载信号一直有输入	检查满载信号输入
	满载灯设置错误	检查满载灯信号设置
	显示器损坏	更换显示器
一直显示 消防	消防信号一直有输入	检查消防信号输入
	消防灯设置错误	检查消防灯信号设置
	显示器损坏	更换显示器
一直显示 超载	超载信号一直有输入	检查超载信号输入
	超载灯设置错误	检查超载灯信号设置
	显示器损坏	更换显示器
显示超前	控制系统加速、减速设置异常	检查变频器的加速、减速设置

技能要求

通用控制系统轿厢操纵箱按钮故障诊断修理

操作步骤

步骤 1 故障确认

按钮异常现象比较明显，可以直观判断。按钮回路失效一般没有故障记录，但少数系统会有按钮卡阻故障记录。以西子一体机为例，将服务器和主板连接，输入密码后按"确认"进入，依次按"M-1-2-1"，可进入 Events（故障）菜单，

按"go on/go back"按钮可以向下或向上翻页，查看是否有与按钮卡阻相关的故障。故障代码"0109 Stuck DCB"表示前门关门按钮卡阻，"0110 Stuck RDCB"表示后门关门按钮卡阻，"0111 Stuck CB"表示内选按钮卡阻，"0112 Stuck HB"表示外呼按钮卡阻，"0124 Stuck WDCB"表示残疾人关门按钮卡阻等。如果有以上故障，优先检查按钮回路及其设置。

按钮信号一般通过串行通信传输，因此通信异常也会导致按钮异常，如西子一体机使用 RSL（远程串行连接）通信。用服务器查看是否有与 RSL 通信相关的故障。故障代码"0400 RSL parity"表示地址重复，"0401 RSL sync"表示时钟缺失，"0402 RSL reinit"表示通信初始化，"0403 RSL Fail"表示通信站响应失败，"0404 RSL Hrtbeat"表示通信站响应但无请求，"0405 RSL Board"表示通信板不匹配，"0406 Group RSL"表示群控通信站错误，"0407 CPU Warning"表示内核异常等。如果有以上故障，优先检查通信回路及其设置。

步骤2　线路检查

（1）图纸查阅

1）按钮线路。查看图纸右下角信息栏（见图 2-35），根据图区功能栏快速找到内选按钮对应的功能图区"操纵箱回路"。

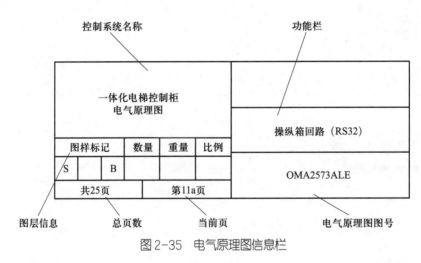

图 2-35　电气原理图信息栏

2）通信线路。西子一体机采用 RSL 通信，依据图区功能栏快速找到 RSL 通信站分布对应的功能图区"串行线路"。

（2）按钮线路测量。对故障现象或故障代码指定的按钮进行测量检查。例如，关门按钮异常，则对其按钮线路和指示灯线路进行测量，关门按钮接线图如图 2-36 所示。

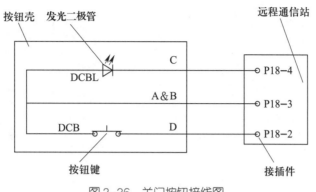

图 2-36　关门按钮接线图

电压法：通过按压指令按钮测量 P18-2 和 P18-4 的电压来确认按钮键及发光二极管是否完好。

电阻法：务必先拔下 P18 插件，然后分别测量按钮键及发光二极管，测量发光二极管时使用二极管挡位。

（3）通信线路测量。RSL 通信有独立的通信电源和通信线，依靠通信线之间的差分电压传输数据。串行通信接线图如图 2-37 所示。

电压法：通信电源电压理论值为 DC 24 V，但实际一般在 DC 18 ~ 27 V 之间，不在此范围会导致通信异常；通信线电压为差分电压，理论值为 DC 0.5 V，但实际一般在 DC 0.3 ~ 0.8 V 之间，不在此范围会导致通信数据丢失。

电阻法：务必先断电，脱开 T4 控制插件，单独测量 T4 后端，通信电源相互之间无短路；通信线相互之间阻值为终端吸收电阻阻值，常见有 50 Ω 和 75 Ω 两种规格，任意一根与地线之间绝缘良好。

通信线路依次经过控制柜接线端→轿顶接线箱→轿厢操纵箱。通信电源直接来自开关电源输出侧的 DC 24 V，通信线路来自主板 P6（1/2），接入控制柜 T4（1/2/3/4）插件；消防通信站 RS5-C-61 的 J1（1/2/3/4）在两者之间，其线路并入 T4（1/2/3/4）插件；从 T4（1/2/3/4）插件出发经随行电缆到达轿顶 CJ8（7/8/9/10）插件；再到终端吸收板的 J1（1/2/3/4）终止。语音报站通信站 RS5-C-20 的分支线路和到达操纵箱 M2（7/8/9/10）插件的分支线路均由 CJ8（7/8/9/10）插件分出，而所有的操纵箱指令、显示、操作功能相关的其他通信站都从 M2（7/8/9/10）插件分出。

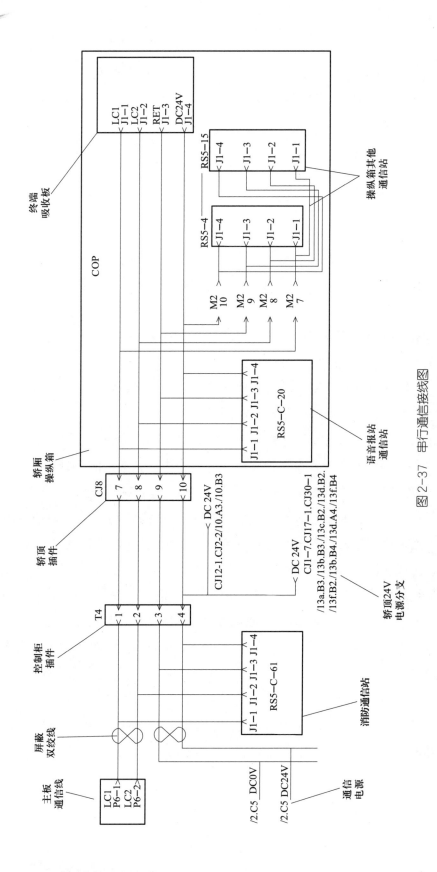

图2-37 串行通信接线图

查找过程中的难点在于如何快速找到插件和部件位置。在西子电气原理图中，插件的名称即为其线路流向或所在位置的标志。插件命名规则见表 2-3。

表 2-3　插件命名规则

标号	英文	线路流向	插件位置
P	print board	控制柜内各主板	控制柜
T	traveling cable	随行电缆	控制柜
H	hoist	井道电缆	控制柜
M	machine room	机房电缆	控制柜
CJ	car junction	轿顶接线箱	轿顶接线箱
HJ	hoist junction	井道接插件	井道接线盒
PJ	pit junction	底坑接线箱	底坑接线盒
DJ	door junction	门及接插件	轿顶接线箱
操纵箱（M）	car operation panel	轿厢操纵箱	操纵箱

通常，单字母命名表示此插件在机房的控制柜端子排，其字母符号为其去向的英文名称首字母，例如，T 说明其插件在控制柜，T 是 traveling cable（随行电缆）的英文首字母，说明其线路将经过随行电缆到达轿顶；双字母表示此插件在井道的其他接线箱，如 PJ 是 pit junction（底坑接线箱）的英文首字母。

在极少数情况下，当通信电源或线路电压出现明显压降，则需要测量整个通信线路四根线中每一根线是否存在阻值异常。断电并锁闭，拔下 T4 插件，验证无电后，使用标准短接线，短接 T4（1/2/3/4）的任意两根，去掉轿厢中终端吸收板，测量所短接两根线路之间的电阻，电阻一般应当极小，接近 0 Ω，如果发现阻值有几欧甚至十几欧，说明线路中存在虚接或断裂，导致阻值过大，通信压降明显。多次互相短接测量，找出受损的线路；分段到 CJ8 插件，再次测量以锁定虚接或断裂的线路段。这种情况常见的原因是各插件的虚接，轿顶线路容易被踩，操纵箱线路容易被挤压，极少数情况为随行电缆拉扯或刮擦，或随行电缆内部线路干扰。

步骤 3　功能检查

（1）通信站设置检查。当故障记录出现较多的"0400 RSL parity"（地址重复）时，应参看图纸图区"I/O 地址"，检查各通信站的拨码地址是否正确，是否存在拨码相同的情况。

RSL 通信站地址的拨码采用六位二进制拨码转换为十进制，如 DEC（53）=BIN（110101）。1 为将拨码拨至"ON"（开），0 为将拨码拨至"OFF"（关）。

（2）主板设置检查

1）通信地址设置。确认通信站无重复拨码后，可对出现功能异常的 I/O 地址进行检查，确认是否有地址重复使用的情况。例如，使用服务器按"M-2-1"输入"04，1"，"蓝键+Enter"确认，则会查找出地址的使用情况，LWO 的地址"0005=04，1"，表示第 5 号输入 LW0 超载开关使用了"04，1"这个地址；按"go on/go back"按钮可以向下或向上翻页，查看还有哪些功能使用了这个地址，如果这个地址没有被其他功能使用，会显示"no more match！"，如果这个地址没有被使用过，会显示"no match！"，如图 2-38 所示。

如果一个地址被多个功能使用，则应参看图纸"I/O 地址"进行修改，如果在表中对某个 I/O 的使用没有约定，可以自己设定，但前提是用"M-2-1"查找，确认其未被使用。

例如，在其中找到关门按钮地址"0003（DCB）=06，2"，使用服务器按"M-1-3-2"找到 3 号地址，见表 2-4，确认其设置为"06，2"。

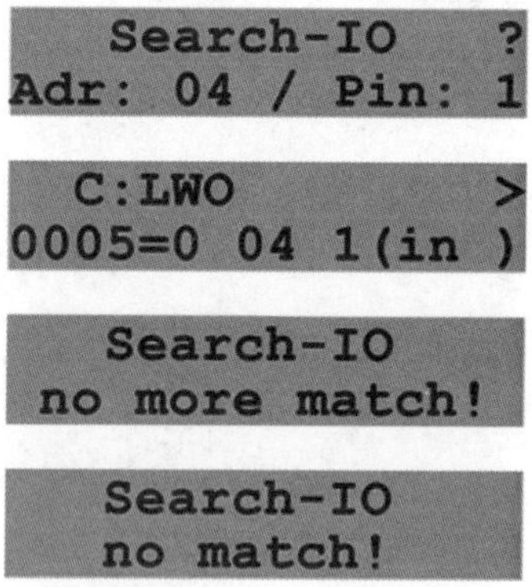

```
Search-IO      ?
Adr: 04 / Pin: 1
```
```
C:LWO          >
0005=0 04 1(in )
```
```
Search-IO
no more match!
```
```
Search-IO
no match!
```

图 2-38 RSL 地址查找

表 2-4 RS5-6 地址表

I/O	接线口	位	电位	地址 .6
1	E5	1	0.	DOB
3	E6	2	0	DCB
4	E7	3	0	ISS
1132	E8	4	0	DHB
1618	E1	1	0	DOBL
1620	E2	2	0	DCBL
26	E3	3	0	LR
1259	E4	4	0	DHBL

另外，对于外呼按钮，检查主板上 J8、J10、J15、J16 跳线。并联共用召唤或者群控 2 台共用召唤需取消这 4 根跳线。

2）召唤设置。部分按钮无法使用，也可能是相应楼层的召唤未被启用，使用服务器按"M-1-3-3-1"进入 enable（召唤使能）菜单，见表 2-5，查看其设置情况。

表 2-5 召唤使能设置

显示		描述	值
at CUDE CUDE P R 00>1110 0000 0 0 1 2 3 45	*at*	楼层	0 ~ 64
	C	轿厢指令	0 不允许呼梯 1 允许呼梯
	U	外呼上行	
	D	外呼下行	
	E	紧急外呼	
	CUDE	后门使能	后 / 副轿厢和外呼使能设置
	P	泊车使能	0 允许泊车 1 不允许泊车
	R	短楼层	0 正常运行 1 短楼层运行 4 中层运行

步骤 4 部件检查

逐一检查主板、各个通信站、终端吸收板等的外观，并使用部件替换的方法，进行故障锁定。开关门按钮接线图如图 2-39 所示。

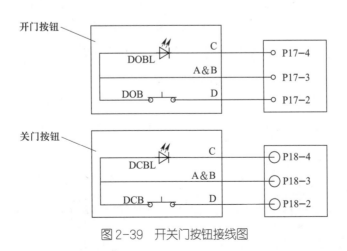

图 2-39 开关门按钮接线图

可通过替换法确认按钮是否正常。例如，关门按钮异常，可以将其 P18 插件拔下，将其邻近的开门按钮 P17 插件拔下并插入 P18 通信端口，按下按钮，如果关门指令有效，说明关门按钮已损坏，需要更换；如果关门指令无效，再将关门按钮的 P18 插件插入开门按钮的 P17 通信端口，按下按钮，如果开门指令有效，说明关门按钮正常，而关门按钮对应的通信端口异常，如果前述操作均失效，说明按钮和通信端口都存在异常。

部件替换法解决按钮故障时，将异常的按钮与其邻近的正常按钮对换位置，通过按钮功能测试，判断是按钮本身或其线路存在问题，还是通信端站异常。

步骤 5　故障修复

（1）轿厢按钮自身故障，修复相应的线路或更换按钮。

（2）通信回路故障，修复相应的线路或更换异常的通信站。

通用控制系统轿厢操纵箱显示装置故障诊断修理

操作步骤

步骤 1　故障确认

楼层显示异常，可能是显示器自身问题，也可能是通信异常。以西子一体机为例，将服务器和主板连接，输入密码按"确认"进入，依次按"M-1-2-1"，可进入 Events 菜单，按"go on/go back"按钮可以向下或向上翻页，查看是否有与通信相关的故障。如有，优先检查通信回路、部件及其设置，否则检查显示器回路、部件及其设置。

步骤 2　线路检查

（1）图纸查阅。以西子一体机为例，查看图纸右下角信息栏，依据图区功能栏快速找到轿厢显示对应的功能图区"操纵箱回路"，如图 2-40 所示。

（2）显示器线路测量。对故障指示的线路进行测量。楼层数据错误，测量 RS32 的 P21-2 到 CPI 的 CN1-2，以及 P21-5 ~ CN1-5 和 P21-3 ~ CN1-3 与通信相关的复位、时钟、数据线路。对于其他功能，如 CUDL 上箭头、CDDL 下箭头、OLS 超载灯等对应测量。

（3）通信线路测量。对于西子一体机，因轿厢显示器和按钮一样，均属于 RSL 通信回路，其修复方法与步骤同按钮章节的通信故障排除，此处不再赘述。

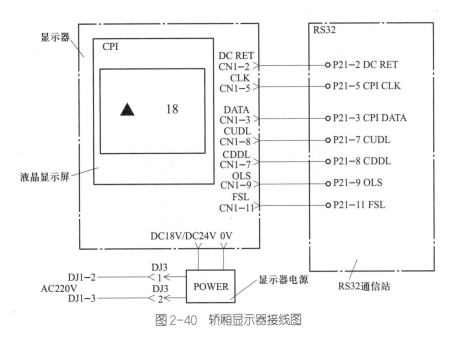

图 2-40　轿厢显示器接线图

步骤 3　功能检查

（1）通信站设置检查。显示器通信站的地址一般是固化的，无须特殊拨码设置，使用部件替换法确认通信站本身是否正常，如果异常则更换，否则检查主板设置是否正常。

（2）主板设置检查。西子一体机采用 RSL 通信，依据图区功能栏快速找到按钮分配对应的功能图区"I/O 地址"。例如，在其中找到上箭头地址"0020（CUDL）= 05，1"，使用服务器按"M-1-3-2"找到 0020 号地址，见表 2-6，确认其设置为"05，1"。

表 2-6　RS5-5 地址表

I/O	接线口	位	电位	地址 .5
0	E5	1	0	DOL
1206	E6	2	0	DCL
1203	E7	3	0	TCI
1117	E8	4	1	SGS
20	E1	1	0	CUDL
21	E2	2	0	CDDL
22	E3	3	0	OLS
24	E4	4	0	FSL

另外，楼层数显示错误还有可能是显示设置出错，使用服务器按"M-1-3-4"进入POS（楼层显示）菜单，对显示器各楼层的显示字符进行设置。楼层显示设置见表2-7，显示设置代码表见表2-8。

表2-7　楼层显示设置

服务器显示			描述	值
Pos.Ind.　　new at：L 00 =10 >. 　　1　2　3	1	L	显示器的左或右边	L, R
	2	00	楼层数，从0开始	0～31
Pos.Ind.　　new at：L 00 =10 >01 　　　4	3	10	当前值	见表2-8
	4	01	设定值	见表2-8

表2-8　显示设置代码表

代号	含义	代号	含义	代号	含义	代号	含义	代号	含义
0	0	10	(blank)	20	J (*)	30	T (*)	40	12 (*)
1	1	11	A	21	K (*)	31	U	41	1 (*)
2	2	12	B (*)	22	L	32	V (*)	42	S (*)
3	3	13	C	23	M (*)	33	W (*)		
4	4	14	D (*)	24	N (*)	34	X (*)		
5	5	15	E	25	O	35	Y (*)		
6	6	16	F	26	P	36	Z (*)		
7	7	17	G (*)	27	Q (*)	37	—		
8	8	18	H	28	R (*)	38	*		
9	9	19	I (*)	29	S				

例如，最底层为地下二楼，应当显示"-2"，使用服务器按"M-1-3-4"进入POS，设置"L 00 =37，R 00=2"，即为"-2"楼。

步骤4　部件检查

部件检查可以使用替换法，与正常的设备对换显示器，锁定故障范围。

步骤5　故障修复

（1）如果为轿厢显示器自身故障，则修复相应的线路或更换显示器。

（2）如果为通信回路故障，则修复相应的线路或更换异常的通信站。

注意事项

在解决故障时，如果故障产生的原因是因为更换了不同类型的显示器，应当优先对主板设置进行检查，设置的显示器类型应与实际使用的类型一致。

培训单元 2　轿厢照明及应急照明故障诊断修理

熟悉轿厢照明故障的现象
熟悉应急照明故障的现象
能够诊断修理轿厢照明故障
能够诊断修理应急照明故障

一、轿厢照明故障

已投入使用的电梯在人员进入轿厢前、乘坐中，有可能出现轿厢照明失效。失效的模式一般有三种：一是照明异常，照明不亮或闪烁；二是节能模式失效，无人使用时，照明不会自动关闭；三是操纵箱开关失效，电梯司机手动控制照明的开关失效。

除轿壁和井道均是玻璃的观光梯可以透光，其他轿厢照明如果失效，将不利于乘客使用电梯，甚至会造成乘客恐慌。轿厢照明节能模式说明在全自动状态下，如果电梯无指令或外呼登记超过 3 分钟（3 分钟是默认值），此时可通过参数调整，使轿厢内照明自动断电，但在接到指令或召唤信号后，又会重新工作。

轿厢照明常见故障、原因及解决办法见表 2-9。

表2-9　轿厢照明常见故障、原因及解决办法

故障	可能原因	解决办法
照明灯不亮	照明回路异常	检修照明回路
	照明灯损坏	更换照明灯
照明灯闪烁	照明回路异常	检修照明回路
	照明灯损坏	更换照明灯
自动延时关闭无效	照明控制回路异常	检修照明节能模式控制回路
	照明控制设置错误	检查主板节能模式延时功能参数设置

二、应急照明故障

应急照明只有停电时才会起效，其失效的情况较少，但如果停电时应急照明无效，很容易造成乘客恐慌。

应急照明常见故障、原因及解决办法见表2-10。

表2-10　应急照明常见故障、原因及解决办法

故障	可能原因	解决办法
应急照明灯不亮	应急照明回路异常	检修照明回路
	应急灯损坏	更换应急灯
	UPS电池异常	检修UPS电池
应急照明灯闪烁	UPS电池异常	检修UPS电池
	应急灯损坏	更换应急灯
断电自动切换应急照明无效	控制回路异常	检修控制回路
应急照明时长不足	UPS电池电荷量不足或异常	检修电池；检查是否超出使用年限，如果已超出年限，更换UPS电池

技能要求

通用控制系统轿厢照明故障诊断修理

操作步骤

步骤1　故障确认

照明回路故障一般根据故障现象可立即判定。主要故障现象包括：使用外

呼呼梯，电梯到达后开门但照明不工作；开启轿厢照明或风扇开关，相关设备无法启动；电梯待机很久，但透过门缝，依旧可见轿厢照明未熄灭。本故障为最后一种，说明照明节能模式延时失效，应优先检查延时继电器线路及其设置。

　　步骤 2　线路检查

　　（1）图纸查阅。查看图纸右下角信息栏，依据图区功能栏快速找到轿厢照明对应的功能图区"照明通话电路"，如图 2-41 所示。

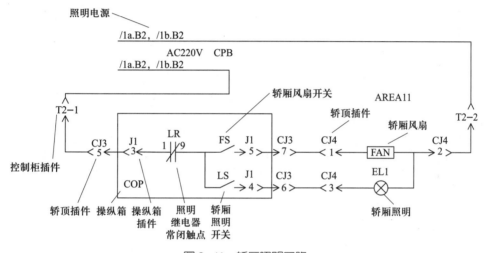

图 2-41　轿厢照明回路

　　（2）照明电源线路测量。照明电源直接来自配电柜自动空气断路器 CPB 的 B（1/2）输出侧的 AC 220 V，接入控制柜 T2（1/2）插件，由 T2（1/2）插件出发经随行电缆到达轿顶 CJ3（5）和 CJ4（2）插件，由 CJ3（5）输出线路从轿顶经轿厢到达操纵箱 J1（3）插件，再从 J1（3）输出接入 LR 继电器常闭触点的 1 号触点，经过常闭触点后由 9 号触点输出接入 LS 照明开关的一侧，开关的另一侧接入操纵箱 J1（4）插件，从 J1（4）输出经操纵箱返回到轿顶接线箱 CJ3（6）插件，从 CJ3（6）输出后，到达 CJ4（3），从 CJ4（3）接入轿厢照明的一侧，轿厢照明的另一侧接入 CJ4（2）。由此可见，LS 照明开关闭合，则照明回路形成。熟知图纸插件的名称和位置后，使用电压法测量，可以很快找出线路异常的问题所在。

　　（3）照明继电器线路测量。在"操纵箱回路"图纸上可找到照明继电器回路，如图 2-42 所示。电源来自通信站 RS32 的电源 DC 24 V 输出 P24-1，经操纵箱线路到继电器的 14（＋），从继电器的 13（−）输出接入 RS32 的 P25-7 输出口，其是否输出由主板控制，通过 RSL 通信传输。

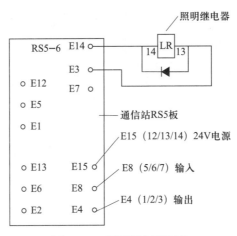

图 2-42　照明继电器回路

步骤 3　功能检查

（1）通信站设置检查。由前述可知，轿厢照明自动关闭功能由 LR 继电器的常闭触点控制。而 LR 继电器的线圈驱动则由主板直接控制或通过通信站的通信端口控制。通过"I/O 地址"图纸，可找到其 I/O 设置，照明继电器地址"0026（LR）=6，3"。

（2）主板设置检查。任何控制系统中的照明自动关闭延时功能一般在主板中都有参数可以设置，西子一体机使用服务器按"M-1-3-1-1"找到表 2-11 中的参数，按需求进行设置。

表 2-11　照明延时设置

LR-T	0 ～ 255	锁梯后前后门打开
LR-MODE	0	LR 在门关闭后，经过 LR-T 时间（秒）后动作
	1	即使门开着，LR 经过 LR-T 时间（秒）后也动作
	2	LR 在门关闭后，经过 LR-T 时间（分）后动作
	3	即使门开着，LR 经过 LR-T 时间（分）后也动作

步骤 4　部件检查

线路排查后，可以使用替换法对回路中涉及的继电器触点、照明灯进行检查，确认其是否损坏。

步骤 5　故障修复

（1）如果为线路或部件故障，则修复相应的线路或更换部件。

（2）如果为参数设置故障，则按功能需求修改参数设置。

通用控制系统应急照明故障诊断修理

操作步骤

步骤1　故障确认

应急照明回路故障一般根据故障现象可立即判定。故障现象为：停电时，照明熄灭，但应急照明不亮。

步骤2　线路检查

（1）图纸查阅。以西子一体机为例，查看图纸右下角信息栏，依据图区功能栏快速找到轿厢照明对应的功能图区"照明通话电路"，如图2-43所示。

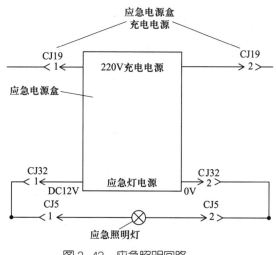

图2-43　应急照明回路

（2）线路测量。应急照明电源来自应急电源供电输出侧的 DC 12 V，接入轿顶接线箱 CJ32（1/2）插件，由此可知应急电源在轿顶接线箱附近装设。CJ32（1）输出应急电源 DC 12 V，经线路到达 CJ5（1）插件，从 CJ5（1）接入应急灯的正极（图纸未明确标志，请注意查看应急灯自身标志），应急灯电源的负极经线路接入 CJ5（2）插件，从 CJ5（2）输出后接入 CJ32（2）插件，回到应急电源 DC 0 V，形成回路。用电压法或电阻法确认所有插件接线是否正常，线路有无破损。

步骤3　部件检查

线路排查后，可以使用替换法对回路中涉及的应急灯、UPS 电源进行检查，确认其是否损坏。应急电源本身可认为是一块可充电电池，可以直接测量其电压，当发现低于 12 V 时，说明电池可能损坏或充电不足，如果确认从 CJ19（1/2）输入的 AC 220 V 在应急电源充电口电压正常，则说明电池已经损坏，无法正常充电，需要更换。

步骤 4　故障修复

修复相应的线路或更换部件。

注意事项

在日常维护保养时，应当经常检查电池是否正常，及时检修或更换，避免停电困人时应急照明失效，引起乘客恐慌。

培训项目 ④

自动扶梯设备诊断修理

培训单元 1　运行方向显示部件故障诊断修理

熟悉自动扶梯运行方向显示部件的功能与作用
熟悉自动扶梯运行方向显示实现的基本方式
了解自动扶梯运行方向显示部件的种类
能够诊断修理运行方向显示部件故障

一、自动扶梯运行方向显示部件的功能与作用

运行方向显示部件作为自动扶梯人机交互界面的一部分,广泛应用在自动扶梯和自动人行道上。其可以有效地告知乘客自动扶梯的运行方向,使乘客不会进入反向运行的自动扶梯或人行道内,可有效避免乘客摔倒等意外事故。

有些变频运行的自动扶梯以零速待机方式运行,零速待机时运行方向显示正常,但是正常待机(没有乘客的情况)时不会运动,乘客进入自动扶梯之前,传感器发送信号给扶梯主控制板再次启动运行。

二、自动扶梯运行方向显示实现的基本方式

1. 工频自动扶梯运行方向显示实现的基本方式

工频自动扶梯的驱动控制方式主要通过星形接触器、三角形接触器、上行接触器、下行接触器组合成 4 种运行方式，也就是用两个独立的接触器触点串联来控制电动机的运转；下行星形 KMD+KMS、下行三角形 KMD+KMF、上行星形 KML+KMS、上行三角形 KML+KMF。所以，只要在上行接触器或者下行接触器的辅助触点上采用一副无源触点进行运行方向显示的控制即可，如图 2-44 所示。

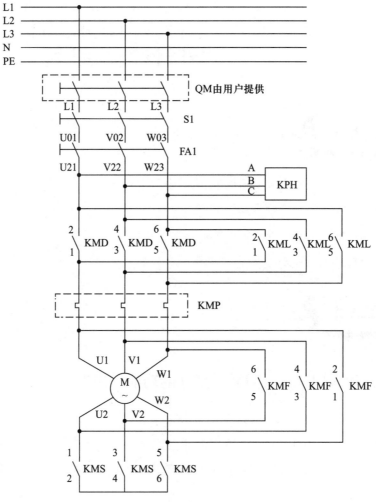

图 2-44　工频接触器与电动机接线图

2. 变频自动扶梯运行方向显示实现的基本方式

变频自动扶梯的驱动控制方式主要以一个静态元件加一个运行接触器来控制

电动机的运转，一般没有方向接触器，所以这类控制系统的主控制板都会预留输出方向显示信号，直接与运行方向显示部件线路对接即可。

三、自动扶梯运行方向显示部件的种类

1. 安装在外盖板上的运行方向显示部件如图 2-45 所示。

图 2-45　外盖板上的运行方向显示部件

2. 安装在围裙板上的运行方向显示部件如图 2-46 所示。

图 2-46　围裙板上的运行方向显示部件

3. 安装在内盖板上的运行方向显示部件如图 2-47 所示。

图 2-47　内盖板上的运行方向显示部件

4. 安装在扶手带入口处的运行方向显示部件如图 2-48 所示。

图 2-48　扶手带入口处的运行方向显示部件

5. 安装在扶梯外的运行方向显示部件如图 2-49 所示。

图 2-49　扶梯外的运行方向显示部件

技能要求

电源故障诊断修理

操作步骤

步骤 1　查看电气原理图寻找电源

以通力 KM110 扶梯控制系统图为例，其方向显示器电气回路采用 DC 24 V 电源。

步骤 2　用万用表检查图纸对应电源的电压

根据图纸，将万用表拨到合适的直流电压挡，如图 2-50 所示。可以先用万用表对已知电源 DC 24 V 进行测试，验证万用表的有效性后，再对检查目标进行测量。

步骤 3 测量目标电源电压

（1）找到插接排 X5 和 X3，如图 2-51 所示。

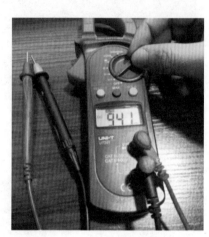

图 2-50 万用表直流电压挡 　　　　　　图 2-51 找到插接排

（2）用万用表检查 X3 和 GND（见图 2-52），X5 和 GND（见图 2-53）是否可以测得 DC 24 V。

图 2-52 X3 和 GND 　　　　　　图 2-53 X5 和 GND

如果没有电源显示，则应考虑电源盒是否损坏，可以采用临时脱离负载的方式进行检查。如果拆除负载线路后，可以测得 DC 24 V，那么可能是显示器或者负载线路短路造成电源保护，并非电源损坏。可以另取一套同型号的显示设备临时连接，观察是否可以正常显示。

步骤 4　更换电源

断开电源并上锁，如图 2-54 所示，确认仪表，如图 2-55 所示，验证零能量，如图 2-56 所示。

图 2-54　断开电源并上锁

图 2-55　确认仪表

拆除电源进线桩和出线桩，拆除 AC 380 V 动力电进线桩，如图 2-57 所示。

图 2-56　验证零能量

图 2-57　拆除 AC 380 V 动力电进线桩

安装新电源 AC 380 V，进线如图 2-58 所示。

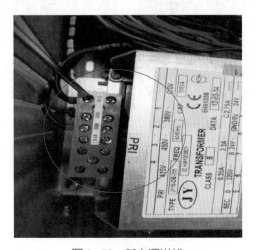

图 2-58　新电源进线

步骤 5　解除锁闭后，送电试运行，如图 2-59 所示。

图 2-59　解除锁闭

线路故障诊断修理

操作步骤

步骤 1　查看电气原理图

参考电源故障诊断修理的通力 KM110 扶梯控制系统图。

步骤 2　用万用表电压法测量诊断线路

（1）将万用表拨至直流电压挡位，如图 2-60 所示。

（2）将黑表笔插入 GND，用红表笔逐点测量，如图 2-61 所示。

步骤 3　找到线路故障点，断电锁闭

一般常见的故障为破皮、断线、虚接、短路，如图 2-62 所示，断电锁闭。

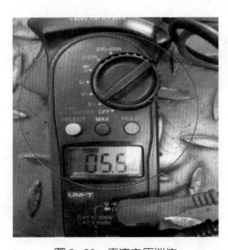

图 2-60　直流电压挡位

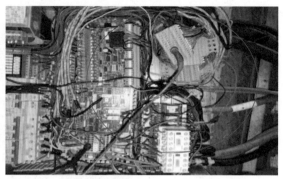

图 2-61　黑表笔插入 GND，红表笔逐点测量

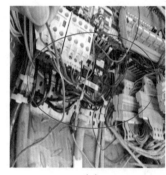
破皮

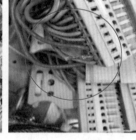
断线

虚接

图 2-62　常见线路故障

步骤 4　重新连接线路

采用闭端端子重新连接线路，用压线帽（俗称奶嘴）把两根线压在一起，如图 2-63 所示。紧固线路，如图 2-64 所示。部分线路可能接触不良，拆线重装一次。部分线路不通，只能更换导线，如图 2-65 所示。

图 2-63　闭端端子重新连接

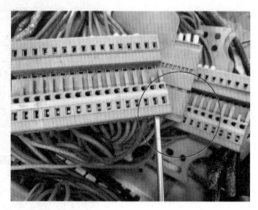

图 2-64　紧固线路

图 2-65　更换导线

步骤 5　解锁送电，测试运行。

设备故障诊断修理

操作步骤

如果经过上述修理后故障还未排除，则采用替换法进行诊断修理。

步骤 1　断电锁闭，拆除故障显示部件。

步骤 2　在同一台扶梯上拆除另外一个正常运行的显示部件。

步骤 3　将故障显示部件安装到正常运行显示部件的位置上。

步骤 4　测试运行。

培训单元 2　扶手带导轨异物卡阻诊断修理

培训重点

掌握扶手带导轨异物卡阻的主要形式

能够诊断修理扶手带导轨异物卡阻

一、异物进入

异物进入扶手带内侧后会阻碍扶手带运行，导致扶手带速度欠速。长时间运行甚至会导致扶手带内部胶层磨损，如果异物较硬，可能会损伤扶手带导轨。常见的外来异物有螺钉、石子等，一般从扶手带回转端部的下部内侧进入，或者从桁架内部掉入。

二、异物堆积

扶手与扶手带导轨之间的工作配合主要分为两种情况：一种是扶手带在扶手带导轨上滑动，另一种是在端部转向位置依靠端部回转链作为滚动装置传动扶手带。扶手带长时间使用后，内部会有滑动磨损下来的粉料堆积，堆积物会导致扶手带在导轨上运行不顺畅，甚至卡阻。

技能要求

扶手带导轨异物卡阻诊断修理

操作步骤

步骤1　在正常运行的扶梯边，远离旋转部件，目测检查整根扶手带（切记不要靠近运动部件），如图2-66所示。

步骤2　检修点动运行（向上和向下各一次），如图2-67所示，检查各段扶手带与导轨是否有问题。

步骤3　拆除扶手带，使用专业的工具拆除扶手带，如图2-68所示。

步骤4　用毛刷清理扶手带内异物，如图2-69所示。

图2-66　检查扶手带

图 2-67　检修点动运行

图 2-68　拆除扶手带

步骤 5　安装扶手带，如图 2-70 所示，并调整张紧度。

图 2-69　清理扶手带

图 2-70　安装扶手带

培训单元 3　梳齿板异物卡阻诊断修理

培训重点

熟悉梳齿板异物卡阻保护装置的形式、作用与标准

能够诊断修理梳齿板异物卡阻保护装置故障

一、梳齿板异物卡阻保护装置的形式

1. 单向位移形式

配置单向位移形式梳齿板保护装置的自动扶梯（见图2-71），端部围裙板与前沿板（动板）一般会有不超过4 mm的活动间隙，当异物进入梳齿板时，使梳齿板（动板）抬起，导致前沿板（动板）抬起。上下方向有用于复位的压缩弹簧。扶梯正常运行的情况下，如果上述间隙过小，会导致梳齿板开关无法动作，保护功能丧失。

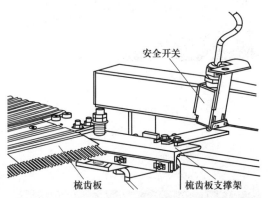

图2-71　单向位移形式的梳齿板保护装置示意

2. 双向位移形式

配置双向位移形式梳齿板保护装置的自动扶梯（见图2-72），端部围裙板与前沿板（动板）一般会有不超过4 mm的活动间隙，前沿板（动板）和前沿板（静板）之间一般会有不超过4 mm的活动间隙。当异物进入梳齿板时，使梳齿板（动板）抬起，导致前沿板（动板）抬起；或者使梳齿板往扶梯入口方向移动，导致

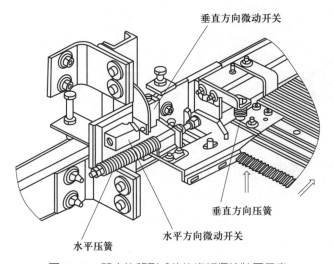

图2-72　双向位移形式的梳齿板保护装置示意

前沿板（动板）往扶梯入口方向移动。前后和上下方向都有用于复位的压缩弹簧。扶梯正常运行的情况下，如果上述间隙过小，会导致梳齿板开关无法动作，保护功能丧失。

二、梳齿板异物卡阻保护装置的作用与标准

1. 梳齿板异物卡阻保护装置的作用

梳齿板异物卡阻保护装置主要用于防止梳齿板的梳齿（见图2-73）断裂后，造成梯级（或踏板）与梳齿撞毁。梯级撞毁如图2-74所示。

图 2-73　梳齿

图 2-74　梯级撞毁

2. 梳齿板异物卡阻保护装置的相关标准

根据 GB16899《自动扶梯与自动人行道的制造与安装安全规范》第5.7.3.2.5条规定，梳齿板应设计成当有异物卡入时，梳齿在变形情况下仍能保持与梯级或踏板正常啮合，或者梳齿断裂。第5.7.3.2.6条规定，如果卡入异物后并不是5.7.3.2.5所述的状态，梳齿板与梯级或踏板发生碰撞时，自动扶梯或自动人行道应自动停止运行。

技能要求

梳齿板保护装置异物卡阻诊断修理

操作步骤

步骤1　停止扶梯运行，目测检查梳齿板是否有异物卡阻，如图2-75所示。

步骤2 断电锁闭后，通过盘车，检查梳齿板是否有异物卡阻，如图2-76所示。

图2-75 目测检查

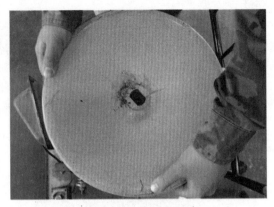

图2-76 盘车检查

步骤3 检修点动上下运行，检查梳齿板是否有异物卡阻。

步骤4 如图2-77所示，有一根铜线卡阻在梳齿内，清理该异物。

图2-77 清理异物

步骤5 调整梳齿板异物卡阻保护装置

（1）拧松图2-78中的螺栓，让梳齿板可以前后移动。

（2）上下调整梳齿板异物卡阻保护装置，先拧掉图2-79中的锁紧螺栓，再拧松调节螺栓。

步骤6 测量啮合深度及间隙。啮合深度是指梯级齿槽深度减去梳齿板与梯级齿槽的缝隙，其测量方法如图2-80所示。间隙的测量如图2-81所示。

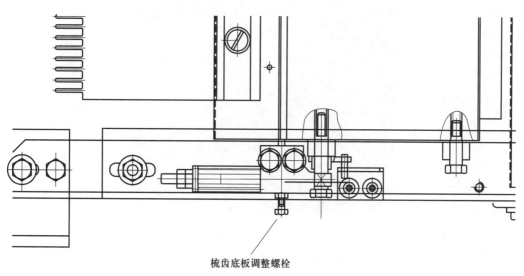

梳齿底板调整螺栓

图 2-78　前后调整原理图

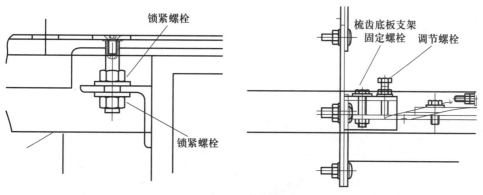

锁紧螺栓

锁紧螺栓

梳齿底板支架
固定螺栓　　调节螺栓

图 2-79　上下调整原理图

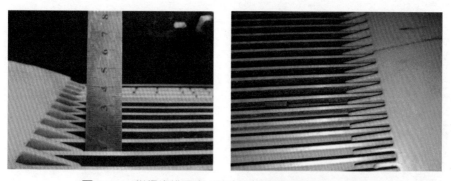

图 2-80　梯级齿槽深度、梳齿板与梯级齿槽缝隙的测量

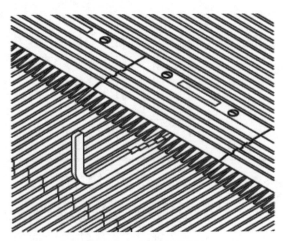

图 2-81　间隙的测量

步骤 7　调整啮合深度及间隙，梳齿板的上下调整影响啮合深度及间隙，结合前述步骤进行调节。

理论知识复习题

一、判断题（将判断结果填入括号中。正确的填"√"，错误的填"×"）

1. 为确保操作的安全性，紧急电动运行时应防止轿厢内有乘客被困。（　　）

2. 盘车移动轿厢需至少两人配合操作，一人盘车，另一人手动打开制动器。

（　　）

3. 端站位置开关是防止电梯超越行程的开关，分为强迫换速开关、限位开关、极限开关三种。　　　　　　　　　　　　　　　　　　　　　　　　（　　）

4. 当数字式万用表电池电荷量不足时测量电压，测得值比实际值要低。

（　　）

5. 电梯开关门卡阻一定是由于层门或轿门滑块槽有异物引起的。（　　）

二、单项选择题（选择一个正确的答案，将相应的字母填入题内的括号中）

1. 电梯处于紧急电动运行状态时，（　　）仍然有效。

A. 限速器开关　　　　　　　　　B. 安全钳开关

C. 张紧轮开关　　　　　　　　　D. 缓冲器开关

2. 进入电梯轿顶前，验证开关的顺序为（　　）。

A. 门锁开关，轿顶正常 / 检修转换开关，轿顶急停按钮

B. 门锁开关，轿顶急停按钮，轿顶正常 / 检修转换开关

C. 轿顶正常 / 检修转换开关，轿顶急停按钮，门锁开关

D. 轿顶急停按钮，轿顶正常 / 检修转换开关，门锁开关

3. 对于万用表的使用，以下说法错误的是（　　）。

A. 指针式万用表内无电池时，不能测量电压

B. 指针式万用表内无电池时，不能测量电阻

C. 数字式万用表内无电池时，不能测量电阻

D. 数字式万用表内无电池时，不能测量电压

4. 五位拨码开关，0 为 OFF，1 为 ON，十进制为 30 转换成二进制为（　　）。

A. 11011　　　　B. 11110　　　　C. 11010　　　　D. 10011

5. 变频自动扶梯的驱动控制方式主要以（　　）来控制电动机的运转。

A. 一个静态元件

B. 运行接触器

C. 一个静态元件加一个运行接触器

D. 两个静态元件加一个运行接触器

理论知识复习题参考答案

一、判断题

1. √   2. √   3. √   4. ×   5. ×

二、单项选择题

1. C   2. B   3. A   4. B   5. C

职业模块 ⑧

维护保养

内容结构图

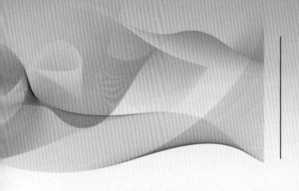

维护保养
- 机房设备维护保养
- 井道设备维护保养
  - 层门自动关闭装置维护保养
  - 对重块装置维护保养
  - 层门间隙维护保养
  - 层门门锁电气触点维护保养
- 轿厢设备维护保养
  - 防夹人保护装置维护保养
  - 轿顶检修和停止装置维护保养
  - 轿厢平层准确度调整与导轨润滑系统维护保养
  - 轿厢各电气装置维护保养
- 自动扶梯设备维护保养
  - 上下机房各盖板及防护罩维护保养
  - 防夹、防攀爬及自动润滑装置维护保养
  - 主驱动链维护保养
  - 启停、显示装置维护保养
  - 梯级、梳齿、围裙板各运行间隙维护保养

培训项目　①

机房设备维护保养

培训重点

能够进行接线端子的检查与紧固
能够进行限速器销轴部位的润滑
掌握油枪加油的方法

知识要求

一、编码器、电源箱、控制柜内接线端子检查与紧固

对编码器、电源箱、控制柜内接线端子进行紧固作业前，应切断电梯电源并验电，防止因带电作业导致危险发生。

选用合适的工具紧固接线端子，禁止使用种类、型号错误的工具紧固接线端子。紧固接线端子时，应沿顺时针方向采用合适的力量。

二、限速器销轴部位润滑

在限速器棘爪的各销轴出现缺油、不能卡入制动轮（棘轮）轮齿中、无法在指定速度有效触发、棘爪各活动部件存在锈蚀的情况时，应使用润滑脂对销轴、轴承进行适当润滑。

需要注意，进行限速器销轴润滑时，应避免润滑脂进入限速器制动机构（制动轮槽、夹绳块等），以免造成限速器制动力降低。如果润滑无效或存在严重锈蚀、磨损的，应更换新的限速器。

三、油枪加油方法

1. 将拉杆拉出，使筒内活塞靠近后端盖，再将拉杆锁住。

2. 向筒内装润滑油脂。使用灌油器时，将储油筒顶端螺纹安装在灌油器的细螺中，用灌油器把润滑油脂装到储油筒内；若用手直接向筒内装润滑油脂时，首先旋下前盖，将清洁的润滑油脂装入储油筒内，直到装满整个储油筒，然后旋上前端盖，将拉杆解锁，并用棉纱擦净黄油枪。

3. 一只手握住储油筒，另一只手握住手压杆，往复揿动手压杆排出筒中空气，当发现油嘴处出现润滑油脂时，停止揿动手压杆。将注油杆前端的注油嘴对准并紧压在需润滑注油部位的黄油嘴上，将手压杆下压靠近储油筒，直到不能下压为止，然后上抬手压杆至原始位置，再下压上抬，往复揿动手压杆即可将润滑油脂缓缓压入需要润滑的部位，加注完润滑油脂后，拔出黄油枪。

4. 若黄油枪注油杆前端不便接近需润滑的注油部位时，应在注油杆上套一节软管，并将套扣扎牢，以防挤注润滑油脂时从套口漏出。同时，在软管另一端装上与黄油嘴螺纹相配的嘴套及内堵头，将内堵头伸入注油部位的黄油嘴内，拧紧嘴套，按上述方法即可加注润滑油脂至注油部位。

培训项目 2

井道设备维护保养

培训单元 1　层门自动关闭装置维护保养

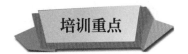

培训重点

能够进行层门自动关闭装置的维护保养

技能要求

层门自动关闭装置维护保养

操作准备

在对层门运行调整之前，应先对层门自动关闭装置、层门联动钢丝绳、层门悬挂装置和层门门导靴 4 个项目进行整体性检查，根据检查结果确定调整方案。

操作步骤

步骤 1　在轿顶上手动反复开关层门，观察层门开关运行是否顺畅，是否存在异常声响。

步骤 2　将层门打开至任何位置，松开层门，观察层门是否能够自动关闭，关闭过程中是否存在减速的现象。注意在自动关门至最后 10 cm 时用手扶住门扇，防止门板发生撞击。重锤式层门自动关闭装置如图 3-1 所示。

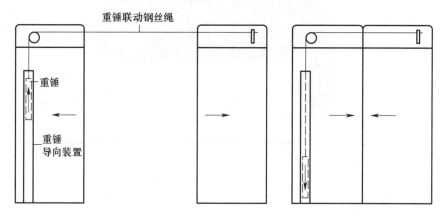

图 3-1　重锤式层门自动关闭装置

　　步骤 3　完成整体检查后，如果发现层门自动关闭装置的联动钢丝绳、钢丝绳端接装置、重锤或弹簧，层门联动钢丝绳及各滚轮，层门悬挂装置的导轨、门导向轮和门限位轮，层门门导靴等部件存在磨损、锈蚀、卡阻、变形等情况，应更换相关部件。

　　步骤 4　在上述相关部件状态正常的情况下，整体检查中发现的各类待调整项目，按照先层门悬挂架构调整、后门扇联动机构调整的步骤逐一进行调整。

　　（1）层门悬挂机构调整按操作顺序为门滑轨清洁→门限位轮调整。

　　（2）门扇联动机构调整按操作顺序为联动钢丝绳张力调整→门扇中心调整→开关门限位装置调整。

　　层门自动关闭装置的调整如图 3-2 所示。

　　注意事项

　　在调整时应先将层门的自动关闭功能调整正常，随后进一步对门扇的联动状态进行调整。只有在确认层门自动关闭功能和门扇联动机构均正常的状态下，方可对层门门锁状态和层门门扇间隙进行调整。

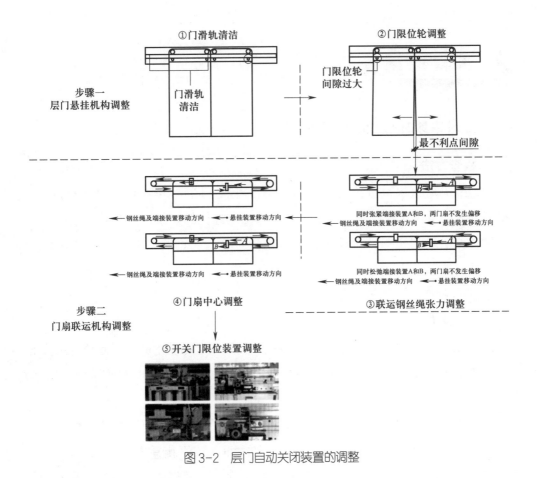

图 3-2　层门自动关闭装置的调整

培训单元 2　对重块装置维护保养

培训重点

能够进行对重块压紧装置的维护保养

能够进行对重块堆放数量的调整

一、对重块压紧装置维护保养

1. 检查方法

用力摇晃对重块，检查对重块固定是否可靠，同时对对重块压板进行检查与维护，确认对重块压板压紧对重块，且压板固定螺栓的锁紧螺母有效锁紧。

对各对重块的状态进行检查，尤其是针对非金属材质（水泥）的对重块，应确认对重块外形完整无破裂，且水泥未出现风化。

2. 失效状态的识别与处置

（1）失效类型一：对重块存在坠落风险。

失效模式一：压板未压住对重块，在对重蹲底或上抛坠落时，引起对重块坠落。

失效模式二：对重块压板固定螺栓松动，在对重蹲底或上抛坠落时，引起对重块坠落。

解决措施：调整压板，使之完全压住对重块，并将压板的各螺栓、螺母拧紧。

需要注意的是，根据 GB 7588 要求，如对重（或平衡重）由对重块组成，应防止它们移位，应采取下列措施：对重块固定在一个框架内；或对于金属对重块，且电梯额定速度不大于 1 m/s，则至少要用两根拉杆将对重块固定住。

（2）失效类型二：对重块破裂。

失效模式一：水泥对重块出现风化（见图 3-3）、膨胀或外包材料破损，存在破碎可能。

图 3-3　水泥对重块出现风化

失效模式二：底部对重块为水泥材质，在对重蹲底或上抛坠落时，引起底部对重块破碎。

解决措施：更换表面出现膨胀变形、破碎风化的水泥对重块，且将对重底部的水泥对重块更换为铸铁对重块，更换时应采用手拉葫芦将轿厢悬吊在井道顶部后，在底坑内搭建移动脚手架进行作业，完成更换后应对对重块数量或高度标志重新进行涂刷。

对重底部断面图如图 3-4 所示，底部对重块与对重架底梁接触面积较小，因此需要使用铸铁对重块，防止对重块破碎。

图 3-4　对重底部断面图

二、对重块堆放数量调整

1. 检查方法

根据对重块数量和高度标志，检查对重块的数量是否正常，确认对重的总重量未发生变化。

2. 失效状态的识别与处置

失效类型：对重块数量异常。

失效模式一：对重块缺少部分编号（见图 3-5）或对重块堆放高度低于高度标志（见图 3-6），对重块数量不足。

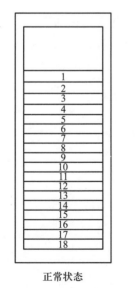
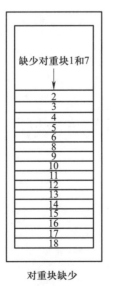

图 3-5　对重块编号识别对重块数量

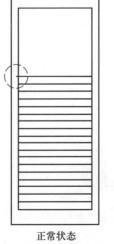
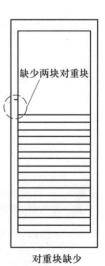

图 3-6　对重块堆放高度识别对重块数量

解决措施：将电梯检修运行至轿顶与对重平齐位置，在对重内增加对重块，并对对重块数量或高度标志重新进行涂刷。

常见的方法是在完成电梯平衡系数的测试和调整后，自上而下将对重块逐一标号，或者在对重架上标记对重块的堆放高度，以便在检查维护过程中，作业人员准确识别对重块的数量。

失效模式二：对重块数字标号顺序错误（见图3-7），对重块堆放数量或高度标志缺失（见图3-8），导致无法识别对重块数量是否准确。

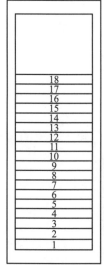

图3-7　标号顺序错误　　　　　图3-8　对重块的数量或高度标志缺失

解决措施：重新进行平衡系数测试，并增加足够数量的对重块后，对对重块数量或高度标志重新进行涂刷。

培训单元3　层门间隙维护保养

培训重点

能够进行层门间隙的维护保养

一、层门间隙检查

1. 检查方法

（1）通过目测，必要时用直尺或塞尺进行测量，在层门完全关闭状态下，检查门扇与地坎、门扇与门套、门扇与门扇之间的间隙。

在确保层门运行不发生刮擦的前提下，上述各间隙应当尽可能小，乘客电梯各间隙不大于 6 mm，载货电梯各间隙不大于 8 mm，由于磨损，间隙值允许达到 10 mm。如果有凹进部分，上述间隙从凹底处测量。具体要求可参照制造单位设计要求。

（2）从门扇的内外两侧目测门扇的表面是否存在严重的变形和锈蚀。手动开关层门，检查外形状态是否对门扇与门套之间的运行间隙造成影响，或引起门扇与门套刮擦。

（3）在层门完全关闭的状态下，在主动门的最下端（受力最不利点）沿开门方向人为拉开门扇，旁开门门扇与门套间隙不大于 30 mm，中分门门扇与门扇间隙不大于 45 mm。

手动开关层门，观察层门运行过程中门导靴的状态是否对门扇与门套之间的运行间隙造成影响，或引起门扇与门套刮擦。

将层门完全开启和关闭，观察层门在到达行程末端时，是否由于撞击而发出明显的声响。

2. 失效状态的识别与处置

（1）失效类型一：门扇悬挂机构调整不当。

失效模式一：门扇悬挂点的高度调整不当，引起中分门两门扇之间的间隙过大，门扇与地坎之间的间隙过大或刮擦。

解决措施：调整所有门扇上各悬挂点（见图 3-9）的悬挂高度。

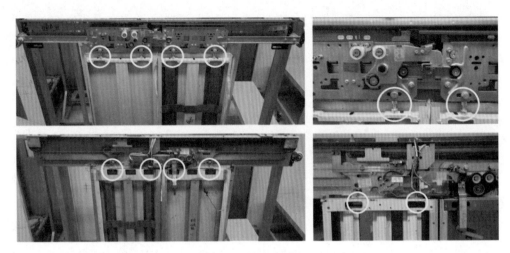

图 3-9　门扇的悬挂点

失效模式二：门扇水平位置调整不当，在层门开启或关闭后，引起门扇与门套之间的间隙过大或刮擦，如图 3-10 所示。

门扇与门套间隙过大　　　　　门扇与门套间隙过小　　　　　门扇与门套相互刮擦

图 3-10　门扇与门套之间失效状态

解决措施：调整门扇与门楣上梁的平行度和运行间隙，门扇与门套立柱水平断面图如图 3-11 所示。

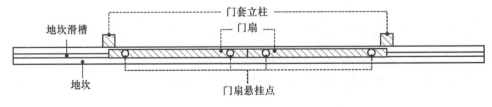

图 3-11　门扇与门套立柱水平断面图

失效模式三：门扇与悬挂机构之间的垫片数量过多，如图 3-12 所示，门扇机械强度降低。

解决措施：调整并适当降低层门悬挂装置的安装高度。

（2）失效类型二：门扇状态不良。

失效模式一：门扇受撞击发生严重变形，引起门导靴在滑槽中运行卡阻，门扇与门套之间的间隙超标或刮擦。

图 3-12　门扇与悬挂机构之间垫片数量过多

解决措施：拆除门扇后，对门扇进行适当的整形，如果整形无法缓解上述问题，则应进行更换。

失效模式二：门扇局部出现严重锈蚀，如图 3-13 所示，引起上端悬挂机构或下端导向机构的机械强度下降。

解决措施：更换门扇。

（3）失效类型三：门扇配合机构状态不良。

失效模式一：门锁锁紧元件的锁紧间隙过大或门限位轮与悬挂装置滑轨的运行间隙过大，导致在最不利点拉开主动门时门扇间隙超标，如图 3-14 所示。

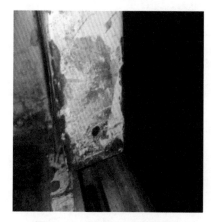

图 3-13　门扇下端严重腐蚀

解决措施：调整锁紧元件的锁紧间隙在 2～3 mm 之间。

失效模式二：层门门扇限位装置调整不当，与门扇接触过早引起开关门无法到位，或与门扇接触过迟引起门扇开关门撞击。

解决措施：调节门扇限位装置，使其在门扇到达开关门末端前 1～2 mm 处先与限位装置接触，进行缓冲。

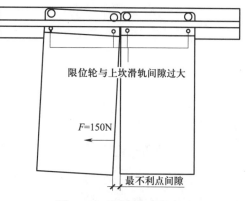

图 3-14　间隙偏大示意

二、层门间隙调整

在进行中分门门扇间隙调整前，应先对门扇悬挂状态和门扇门套运行间隙进行整体性检查，根据检查结果确定调整方案。门扇运行间隙的调整按顺序可以分为门扇与门套立柱间隙调整、门扇与门套横梁间隙调整。需要注意的是，在进行门扇运行间隙调整前，应先将门扇悬挂调整至合适状态。

1. 门扇与门套立柱间隙调整

测量左右两个门扇与门套立柱之间的间隙 LH、LL、RH、RL，如图 3-15 所示。

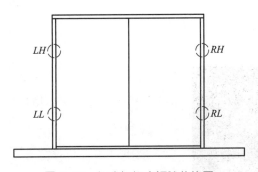

图 3-15　门扇与门套间隙的位置

（1）如果发现下端间隙 LL 或 RL 超标（过大或过小），则应进一步检查门扇底部、门导靴、门套立柱是否由于撞击发生变形，并对变形的部件进行更换或整形。

（2）如果发现门导靴损坏较为严重，下端间隙 LL 或 RL 由于门扇晃动无法准确测量，则应先更换门导靴后再进行调整。

（3）在门扇无明显晃动、下端间隙 LL 或 RL 状态正常的情况下，测量上端间隙 LH、RH，要求 LH 和 RH 等于 LL 和 RL 之和的平均值，即：

$$LH=RH=\frac{LL+RL}{2}$$，且两点间隙偏差不大于 0.5 mm。

如果发现 LH（或 RH）间隙不合适，则对应拧松悬挂点 LA（或悬挂点 RA）的固定螺栓，对 LH（或 RH）间隙进行初次调整。门扇悬挂点位置如图 3-16 所示。

（4）完成初次调整后，根据前述步骤，重新测量门扇与门套立柱之间的间隙 LH、LL、RH、RL，并进行二次调整，直至乘客电梯：$4\,\text{mm} \leqslant LH \approx LL \approx RH \approx RL \leqslant 6\,\text{mm}$，且四点间隙偏差不大于 1 mm；载货电梯：$4\,\text{mm} \leqslant LH \approx LL \approx RH \approx RL \leqslant 8\,\text{mm}$，且四点间隙偏差不大于 1 mm。

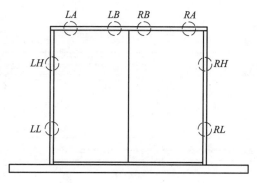

图 3-16　门扇悬挂点位置

2. 门扇与门套横梁间隙调整

在进行门扇与门套横梁间隙调整前，应先将门扇与门套立柱间隙调整至合适状态，随后测量门扇与门套横梁间隙 TLA、TLB、TRB、TRA，如图 3-17 所示。

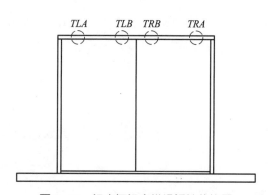

图 3-17　门扇与门套横梁间隙的位置

（1）如果发现 TLA 和 TRA 两处间隙的偏差超过 1 mm，即 $|TLA-TRA|>1$ mm，则说明门扇与门套立柱间隙调整不当，应重新测量间隙 LH、LL、RH、RL，并进行调整。

（2）在 TLA 和 TRA 两处间隙的偏差不超过 1 mm，即 $|TLA-TRA| \leqslant 1$ mm 的情况下，测量间隙 TLB、TRB，要求 TLB 和 TRB 等于 TLA 和 TRA 之和的平均值，即：

$$TLB=TRB=\frac{TLA+TRA}{2}$$，且两点间隙偏差不大于 0.5 mm。

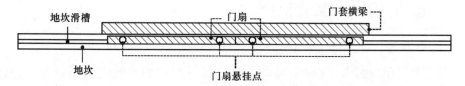

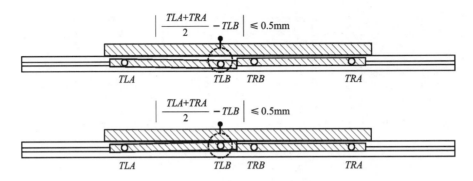

（3）如果发现 *TLB*（或 *TRB*）间隙不合适，则对应拧松悬挂点 *LB*（或悬挂点 *RB*）的固定螺栓，对 *TLB*（或 *TRB*）间隙进行初次调整，调整过程中应避免拧松悬挂点 *LA* 和 *RA* 的螺栓，避免门扇与门套立柱间隙发生变化。

（4）完成初次调整后，根据前述步骤，重新测量门扇与门套横梁之间的间隙 *TLA*、*TLB*、*TRB*、*TRA*，并进行二次调整，直至乘客电梯：4 mm ≤ *TLA* ≈ *TLB* ≈ *TRA* ≈ *TRB* ≤ 6 mm，且四点间隙偏差不大于 1 mm；载货电梯：4 mm ≤ *TLA* ≈ *TLB* ≈ *TRA* ≈ *TRB* ≤ 8 mm，且四点间隙偏差不大于 1 mm。

培训单元 4　层门门锁电气触点维护保养

能够进行层门门锁电气触点的检查
能够进行直接操作的层门门锁电气触点的调整
能够进行间接操作的层门门锁电气触点的调整

一、层门门锁电气触点检查

1. 检查方法

（1）手动打开层门，观察主被动门锁电气触点和触片的表面是否存在拉弧氧化导致触点表面变黑的情况。

（2）手动闭合层门，在闭合过程中仔细观察主被动门锁的电气触点与触片之间的相对位置，要求触点与触片在接触时两者位置相对居中。

（3）手动反复开关层门，观察主被动门锁电气触点和触片在接触时的接触行程，一般触点与触片的接触行程应当控制在 3～5 mm。

（4）检查门锁电气触点的接线，各端子接线应当紧固，不应存在短接的情况。同时检查电气线缆的走线，应当与运动部件保持适当的运行间隙，避免运动部件钩挂、刮擦或挤压线缆。

2. 失效状态的识别与处置

（1）失效类型一：触点表面状态及工作环境不佳。

失效模式一：两类层门门锁电气触点表面氧化烧蚀，如图 3-18 所示，触点不能可靠接通，引起电梯故障。

图 3-18 触点表面氧化烧蚀

解决措施：用百洁布对触点和触片表面进行清洁，切忌使用砂纸、刮刀等打磨工具打磨触点表面。

失效模式二：两类层门门锁电气触点工作环境粉尘过大，如图 3-19 所示，容易引起触点表面积灰，触点不能可靠接通，甚至引起触点表面氧化烧蚀，导致电梯故障。

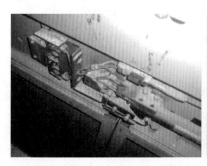

图 3-19 层门悬挂装置粉尘堆积

解决措施：对层门悬挂装置进行清洁。

失效模式三：两类层门门锁电气触点罩壳破损，如图 3-20 所示，缺少防尘措施，触点容易受到粉尘污染。

图 3-20　门锁电气触点罩壳破损

解决措施：更换安全触点或触点罩壳。

（2）失效类型二：触点工作状态不可靠。

失效模式一：直接操作的层门门锁电气触点，其动、静触点相对位置不居中，如图 3-21 所示，不能准确接触。

图 3-21　动、静触点接触位置不居中

解决措施：如果触点相对位置靠近触片边缘，应当立即对触点和触片的位置进行调整，调整过程中应注意门扇各间隙的变化，有可能影响动、静触点的接触位置。

失效模式二：直接操作的层门门锁电气触点，动、静触点的接触行程过小，如图 3-22 所示，触点无法可靠接通。

失效模式三：直接操作的层门门锁电气触点，动、静触点的接触行程过大，容易引起触点弹性元件接触不良，如图 3-23 所示，导致触点无法接通。

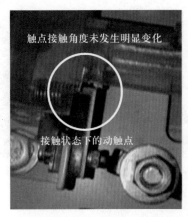

图 3-22　触点接触行程不足

解决措施：调整触点与触片的接触行程，调整过程中应注意门扇各间隙的变化有可能对触点的接触行程产生影响。因为门锁触点电压较高，因此在对触点与触片压缩量的调整过程中应当注意操作安全，防止触电。

（3）失效类型三：触点电气接线不可靠。

图 3-23　安全触点接触不良

失效模式一：两类层门门锁电气触点的电气接线松动。

解决措施：紧固电气线缆接线端子。

失效模式二：两类层门门锁电气触点的电气线缆与运动部件擦碰，如图 3-24 所示。

图 3-24　联动钢丝绳与层门门锁电气线缆擦碰

解决措施：对悬挂装置内部电气线缆的走线进行整理固定，避免与运动部件擦碰。

失效模式三：层门门锁电气触点人为短接引起失效，如图 3-25 所示。

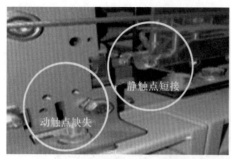

图 3-25　验证层门关闭的电器安全触点人为短接

解决措施：拆除短接线，并检查门锁电气触点的工作状态。

二、直接操作的层门门锁电气触点调整

1. 层门锁紧电气安全触点调整

由于验证层门锁紧的电气安全触点的接触行程与锁钩啮合长度直接相关，在啮合长度调整过程中应同步调整至正常状态，因此本步骤中不再赘述。验证层门锁紧的电气安全触点调整仅需对触点的居中度进行调整，调整方法如下。

（1）使层门完全关闭、门锁完全锁紧，拧松主动锁钩上动触点的固定螺栓，调整动触点的位置，使之与固定锁钩上的静触点接触时，在前后及左右两个方向上相对居中，如图 3-26 所示。

图 3-26　动静触点相对居中

（2）尝试在门锁锁紧的状态下，人为拉开层门，此时动触点与静触点的接触位置应与触点的边缘保持 1 mm 以上距离，避免人为扒门时验证层门锁紧的电气安全触点分离、断开。

2. 层门闭合电气安全触点调整

（1）验证层门闭合的电气安全触点居中度调整。使层门完全关闭、门锁完全

锁紧，拧松被动门悬挂机构上动触点的固定螺栓，在支架与悬挂机构之间的两螺栓处增加或减少垫片，同时对支架的水平角度进行微调，使动触点与静触点接触时，在上下及前后两个方向上相对居中。不应在非螺栓固定处增加垫片，以免垫片松脱后触点松动，引起触点分离导致故障。

（2）验证层门闭合的电气安全触点接触行程调整。层门完全关闭、门锁完全锁紧，拧松被动门悬挂机构上动触点的固定螺栓，调整动触点的位置，使之与固定锁钩上的静触点在接触时，具有 2～4 mm 的接触行程。

1）接触行程不应过小，尝试在门锁锁紧的状态下，人为拉开层门，此时动触点与静触点应至少保持 1 mm 以上行程，避免人为扒门时验证层门闭合的电气安全触点分离、断开。

2）接触行程不应过大，在层门完全关闭的状态下，触点接触行程不大于 4 mm，避免层门触点与触片疲劳断裂或接触角度过大引起触点不通。

三、间接操作的层门门锁电气触点调整

1. 间接操作的验证层门闭合电气安全触点的内部设置了一定的传动机构，在门扇开启和关闭时，悬挂机构的位置变化通过传动机构来操作电气安全触点接通或断开。这种间接操作的电气安全装置，其电气安全触点的接触行程和居中度不受操作部件（悬挂机构）干扰，稳定性较好，类似结构的还有限速器电气安全装置等。

2. 对于间接操作的验证层门闭合电气安全触点，无须对其触点的居中度和接触行程进行调整，仅需对悬挂机构上的碰铁进行位置调整和紧固。如果电气安全触点及其传动机构出现锈蚀、卡阻，则整体更换该电气安全装置。

培训项目 **3**

轿厢设备维护保养

培训单元1　防夹人保护装置维护保养

能够进行光幕的维护保养
能够进行安全触板的维护保养

一、光幕维护保养

1. 检查方法

（1）对光幕进行清洁，清除光幕表面的灰尘和污垢，并通过观察光幕动作信号灯的变化，确认光幕感应灵敏且无误动作。

（2）观察光幕的固定状态，光幕应可靠固定、无松动，两侧光幕保持良好对射，且光幕杆身不发生弯曲，以防止光幕功能失效导致故障。

（3）对射式光电传感器的发射器与接收器在水平面上高度应一致，避免高度偏差过大，引起传感器不能相互对准或中间存在遮挡物。发射器与接收器的安装角度应保持水平，使发射器和接收器相互对准。

（4）检查电气线缆在门机和轿门上的布线工艺。线束固定段布线应可靠、平整地固定在轿门门机各部件的表面，不应存在凸起部分，避免电梯运行时线束与井道内其他部件发生钩挂而断裂。对于运动部件与固定部件之间的布线，线束的运动段应留有足够的运动长度，避免部件运动时线束被拉扯、绷紧，导致破损或内部暗断。对于运动部件与固定部件之间处于运动状态的线束，应采用拖链等进行保护和固定，限制线束运动段的自由度，避免其钩挂井道内其他部件，引起线束破损。

2. 失效状态的识别与处置

失效类型：非接触式保护装置失效。

失效模式一：光幕或光电表面污垢过多或滤光片表面磨损，导致光幕或光电接收端无法接收到红外光束，电梯无法关门。

解决措施：用干毛巾或毛刷对光幕或光电的表面滤光片进行清洁，清除光幕表面的灰尘和污垢，并通过观察光幕动作信号灯的变化，确认光幕感应灵敏且无误动作。

失效模式二：对射式光电传感器安装位置不佳，在安全触板被触动提起时遮住光线，导致电梯中断关门并重开门。

解决措施：调整光电传感器的相对位置或安全触板触动时的提起高度，使之不能遮挡光电的红外对射光线。

失效模式三：光幕或光电电气线缆走线工艺不良，引起线缆破损或暗断，如图 3-27 所示，导致电梯中断关门并重开门。

解决措施：更换线缆，并对线缆的布线工艺进行整改。

图 3-27　线缆破损或暗断

二、安全触板维护保养

1. 检查方法

（1）用手反复推动安全触板，动作应当顺畅，开关触发应当灵敏。

（2）触板的运动行程调节合理，在触动后不应出现卡阻无法复位的情况。

（3）在主动门关门行程末段 50 mm 可以取消轿门防撞击保护装置的功能，注意不应过早取消安全触板的功能。在检查过程中，应注意识别安全触板取消机构调整不良，导致轿门在关闭行程末段 50 mm 以内中断关门并重开门的常见失效状态。

（4）检查电气线缆在门机和轿门上的布线工艺。线束固定段布线应可靠固定在轿门门机各部件的表面，不应出现晃动，避免电梯运行时线束与井道内其他部件发生钩挂而断裂。对于运动部件与固定部件之间的布线，线束的运动段应留有足够的运动长度，避免部件运动时线束被拉扯、绷紧，导致破损或内部暗断。对于运动部件与固定部件之间处于运动状态的线束，应采用拖链等进行保护和固定，限制线束运动段的自由度，避免其钩挂井道内其他部件，导致线束破损。

2. 失效状态的识别与处置

失效类型：接触式保护装置失效。

失效模式一：安全触板机械机构松动或卡阻，引起触板动作后无法复位，导致电梯无法关门。

解决措施：适当缩短安全触板的运动行程，避免触板在撞击下强行超越其机械行程，导致卡阻不能复位。

失效模式二：安全触板动作位置不佳，开关在触板完全进入轿门后才能触发。

解决措施：单独对该侧安全触板的触发开关位置进行调整，建议安全触板在其提起行程初段的 10 mm 左右即可触发开关。

失效模式三：安全触板取消机构和电路（见图 3-28）调整不良，导致轿门在关闭行程末段 50 mm 以内中断关门并重开门。

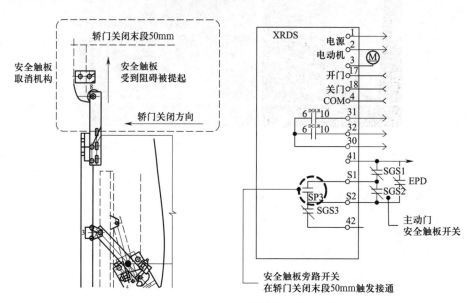

图 3-28　安全触板末段取消机构和电路

解决措施：适当调整安全触板的提起机构，延后安全触板的提起时机。也可以将触板开关功能取消的位置提前，在关门行程末段 50 mm 内、安全触板被提起之前取消触板开关功能。

失效模式四：安全触板开关损坏、接线松脱，或安全触板电气线缆走线工艺不良，引起线缆松动、虚接、破损、暗断，导致电梯中断关门并重开门。

解决措施：更换开关或对开关接线进行紧固，如果发现线缆破损则应更换线缆，并对线缆的布线工艺进行整改。

失效模式五：安全触板开关人为短接，导致关门时撞击乘客或货物。

解决措施：更换开关。

培训单元 2　轿顶检修和停止装置维护保养

能够进行轿顶检修装置的维护保养

能够进行轿顶停止装置的维护保养

一、轿顶检修装置维护保养

1. 检查方法

（1）在进入轿顶前，应对轿顶检修装置的状态和功能进行检查。

1）按步骤在层站外和轿顶上对轿顶检修装置的功能有效性进行验证。

2）作业人员在层站外，将停止装置置于动作状态后，反复操作检修装置各开关和按钮，确认检修装置开关动作灵活、可靠。

（2）对轿顶检修装置的接线进行检查、紧固。

2. 失效状态的识别与处置

失效类型：轿顶检修装置失效。

失效模式一：检修装置的开关破损、脱落，无法触发或复位轿顶检修。

失效模式二：检修状态开关由于磨损、锈蚀或卡阻，动作状态的界限感模糊，失去双稳态特性，容易自动复位或无法动作。

失效模式三：检修运行按钮磨损卡阻，无法自动复位。

解决措施：应开启轿顶检修箱，对检修箱内检修装置进行清洁，同时应更换存在磨损、锈蚀、卡阻、破损的开关及按钮。

失效模式四：检修装置开关接线松动，电梯容易在正常状态进入检修状态，或进入检修状态后无法检修运行。

解决措施：应开启轿顶检修箱，对检修箱内检修装置进行清洁，同时应对发生松脱、虚接的接线桩子进行紧固。

二、轿顶停止装置维护保养

1. 检查方法

（1）在进入轿顶前，应对轿顶停止装置的状态和功能进行检查。

1）按步骤在层站外和轿顶上对轿顶检修装置和停止装置的功能有效性进行验证。

2）作业人员在层站外，将检修装置置于检修状态后，反复操作停止装置开关，确认停止装置开关动作灵活、可靠。

（2）对轿顶停止装置的接线进行检查、紧固。

2. 失效状态的识别与处置

失效类型：轿顶停止装置失效。

失效模式一：轿顶停止装置的开关破损、脱落，无法触发或复位轿顶停止装置。

失效模式二：轿顶停止装置由于磨损、锈蚀或卡阻，动作状态的界限感模糊，失去双稳态特性，容易自动复位或无法动作。

失效模式三：轿顶停止装置磨损卡阻，无法自动复位。

解决措施：应开启轿顶检修箱，对检修箱内轿顶停止装置进行清洁，同时应更换存在磨损、锈蚀、卡阻、破损的开关及按钮。

失效模式四：轿顶停止装置开关接线松动，电梯容易在正常状态进入停止状态，或进入停止状态后无法恢复运行。

解决措施：应开启轿顶检修箱，对检修箱内轿顶停止装置进行清洁，同时应对发生松脱、虚接的接线桩子进行紧固。

培训单元 3　轿厢平层准确度调整与导轨润滑系统维护保养

能够进行轿厢平层准确度的调整

能够进行导轨润滑系统的维护保养

一、轿厢平层准确度调整

1. 检查方法

轿厢内分别为轻载和额定载重量，单层、多层和全程上下各运行一次。在开门宽度的中部测量层门地坎上表面与轿门地坎上表面间的垂直高度差。

2. 失效状态的识别与处置

失效类型：平层准确度不佳。

失效模式一：个别楼层门区插板位置不准确，导致轿厢在这些楼层平层准确度不佳，超出 10 mm 范围。

解决措施：调整平层准确度不佳楼层的层门区插板位置。

失效模式二：控制系统内平层延迟参数设置不良，导致轿厢在所有楼层均出现上行平层准确度不佳或下行平层准确度不佳的现象，且各楼层平层状态均为超出或不足。

解决措施：调整控制系统参数设置。

二、导轨润滑系统维护保养

1. 检查方法

（1）检查油杯内的油量，油位如果低于油杯高度的 1/2，则应添加润滑油。

（2）检查油杯的外观，各部件不应缺损、破裂。

（3）检查导轨表面的润滑状态，导轨表面在灯光照射下应呈现明亮油层，用手指触摸后指尖存在明显的油渍。导轨表面在灯光照射下呈现哑光状态时，说明导轨表面缺油。如果此时油杯状态正常，则应进一步检查油杯毛毡的出油状态是否正常。

2. 失效状态的识别与处置

失效类型：导靴上油杯失效。

失效模式一：油杯缺油未添加或油杯内油位过高。

解决措施：导靴上油杯内的油位应保持在油杯总容量的 1/2 ~ 3/4。

失效模式二：油杯破损，润滑油渗漏。

解决措施：将新的油杯毛毡和油芯在导轨润滑油内充分浸润后，更换新油杯并安装调整完毕，并在其内加入导轨润滑油。

失效模式三：油杯定位错误，吸油毛毡与导轨接触面过小，或未完全压住导轨面，引起导轨面缺油。

解决措施：调整毛毡，使其完全压住导轨面。

失效模式四：油杯毛毡吸油，油芯破损，或毛毡表面油污堆积结硬，导轨润滑油无法渗出，引起导轨缺油。

解决措施：将新的油杯毛毡、油芯在导轨润滑油内充分浸润后，更换新毛毡和油芯，并进行调整。

失效模式五：将齿轮润滑油作为导轨润滑油使用，导致毛毡上齿轮润滑油不能顺畅渗出。

解决措施：将新的油杯毛毡和油芯在导轨润滑油内充分浸润后，更换新油杯并安装调整完毕，并在其内加入导轨润滑油。

失效模式六：冬季气温降低，润滑油黏度增加，导致毛毡上导轨润滑油不能顺畅渗出。

解决措施：选用黏度较低的润滑油。

培训单元4 轿厢各电气装置维护保养

培训重点

能够进行轿内报警装置的维护保养

能够进行对讲系统的维护保养

能够进行轿内显示器、指令按钮、读卡系统的维护保养

知识要求

一、轿内报警装置维护保养

1. 检查方法

（1）检查轿内报警装置的外观状态，报警装置开关应为黄色，并标以铃形符号加以识别。

（2）在轿厢内按下报警按钮后，轿厢应发出明显的报警声，且能够使层站外人员明显识别电梯的报警信号。

（3）分别接通和断开紧急报警装置的正常电源，确认其工作状态是否正常。

2. 失效状态的识别与处置

失效类型：轿内报警装置失效。

失效模式一：轿内报警装置外观破损或标志不清。

解决措施：及时更换轿内报警装置。

失效模式二：轿内报警装置按钮损坏、其线路故障或设置不当，导致报警功能失效。

失效模式三：轿内报警装置警铃（蜂鸣器）损坏、其线路故障或设置不当，导致没有报警铃声或铃声过小，不能在井道外明显识别。

失效模式四：应急电源老化损坏，导致断电情况下紧急报警装置无法启动。

解决措施：根据制造单位设计文件，检查电气功能失效的原因，更换相关损坏的元器件（如按钮、电源等），修复发生短路或断路的电气线路。

二、对讲系统维护保养

1. 检查方法

（1）使用轿内对讲系统能够与电梯管理值班室正常通信，语音清晰，无明显干扰。

（2）对于采用电话或内部对讲系统的电梯，若使用方法较为复杂，则应设有使用说明，应确保使用说明外观完整，内容正确无误。

（3）接通、断开对讲系统的正常电源，确认其工作状态是否正常。

2. 失效状态的识别与处置

失效类型：轿内对讲装置状态不良。

失效模式一：轿内对讲系统扬声器或听筒损坏、其线路故障或设置不当，导致对讲语音不清晰或无法通话。

失效模式二：应急电源老化损坏，导致断电情况下对讲系统无法启动。

解决措施：根据制造单位设计文件，检查电气功能失效的原因，更换相关损坏的元器件（如按钮、电源等），修复发生短路或断路的电气线路。

失效模式三：采用电话与公用电话网连接作为对讲系统时，具体操作方法未在轿厢内进行张贴。

解决措施：在轿厢内张贴明确、清晰的操作方法，保证外观清洁、无污损。

三、轿内显示器、指令按钮、读卡系统的检查与调整

1. 检查方法

（1）检查轿内各楼层信息显示是否正常，图形是否完整、无缺损。

（2）检查各层站外呼按钮和显示器的安装是否牢固、功能是否正常。

（3）如果轿厢内安装有读卡（IC 卡）系统，则应逐一测试 IC 卡系统各项指令功能是否正常。

2. 失效状态的识别与处置

失效类型：轿内显示器、指令按钮、IC 卡系统失效。

失效模式一：轿内按钮破损、脱落。

解决措施：更换按钮。

失效模式二：轿内 IC 卡系统或轿内按钮损坏，其线路故障或设置不当，导致按钮功能失效。

失效模式三：轿内显示器损坏，其线路故障或设置不当，导致显示图形缺损、部分关键信息无法显示（如超载、楼层等），或完全无法显示。

解决措施：根据制造单位设计文件，检查电气功能失效的原因，更换相关损坏的元器件（如按钮、电源等），修复发生短路或断路的电气线路。

培训项目 **4**

自动扶梯设备维护保养

培训单元 1　上下机房各盖板及防护罩维护保养

培训重点

能够进行检修盖板和楼层板的维护保养
能够进行曳引机防护罩的维护保养

知识要求

一、检修盖板和楼层板维护保养

1. 检查方法

（1）检修盖板和楼层板应设置一个打开桁架区域的检修盖板，以及移去或打开楼层板的电气安全装置。

1）检修盖板和楼层板应只能通过钥匙或专用工具开启。

2）如果检修盖板和楼层板后的空间是可进入的，即使上了锁也应能不用钥匙或工具从里面把检修盖板和楼层板打开。

3）检修盖板和楼层板应是无孔的，检修盖板应同时符合其安装所在位置的相关要求。

4）确认检修盖板和楼层板安装牢固可靠，检修盖板打开开关动作灵敏。

5）确认正常运行扶梯时，如果检修盖板打开，扶梯应能有效制停，且有故障显示。

（2）作业人员在进入上机仓前，应对检修盖板左右两侧的安全开关进行检测。将检修盖板打开，人为操作右侧检修盖板电气安全开关，正常运行扶梯，观察扶梯是否能正常运行，若扶梯能正常运行，则说明右侧检修盖板电气安全开关有效；左侧检修盖板电气安全开关检测方法与右侧检修盖板电气安全开关检测方法一致。

作业人员在确认盖板左右两侧安全开关有效的情况下，开启上机仓盖板，进入上机仓，使用机房检修照明检查。

1）电气安全开关的固定螺栓应固定无松动。

2）电气安全开关检测杆不应存在断裂。

3）前沿板边框螺栓不应存在松动。

4）检修盖板与中板的衔接口应有效插入。

5）检修盖板起吊装置的起吊孔应封闭。

6）检修盖板安装时应平整、无凸起。

7）楼层板的不锈钢表皮应无脱落。

8）各盖板的花纹应对齐。

2. 失效状态的识别与处置

（1）失效类型一：电气安全开关失效。

失效模式一：电气安全开关线路短接，电气安全开关失效，导致检修盖板打开时因无法制停扶梯引发人员掉入或被卷入的危险。

解决措施：切断扶梯主电源，打开电气安全开关，对电气安全开关内的线路进行检查，将被短接的线路恢复正常，确保电气安全开关可靠有效工作。

失效模式二：电气安全开关的检测杆（见图3-29）断裂，电气安全开关失效，导致检修盖板打开时因无法制停扶梯引发人员掉入或被卷入的危险。

解决措施：切断扶梯主电源，更换电气安全开关。更换开关的同时，还应检查电气安全开关的线路是否正常，是否存在短接线，若发现多余的短接线，应予以拆除。

图3-29 电气安全开关的检测杆

（2）失效类型二：检修盖板表面状态不佳。

失效模式一：检修盖板边框螺栓松动，导致检修盖板晃动，引起乘客恐慌。

解决措施：打开检修盖板，紧固边框螺栓，使检修盖板不再晃动。

失效模式二：检修盖板与中板的衔接口未有效插入，导致检修盖板或中板凸起，引发人员绊倒危险。

解决措施：控制扶梯，拆卸检修盖板，重新调整检修盖板与中板的配合安装位置，确保衔接口的有效衔接。

失效模式三：检修盖板起吊装置的起吊孔未封闭，导致乘客的鞋跟嵌入孔内引发危险。

解决措施：将检修盖板起吊装置起吊孔的螺栓复位，并拧紧固定。

失效模式四：检修盖板安装时不平整，导致检修盖板凸起，引发人员绊倒危险。

解决措施：控制扶梯，拆卸检修盖板，重新调整检修盖板与中板的安装位置，确保重新安装后状态平整。

失效模式五：楼层板的不锈钢表皮脱落，脱落的不锈钢表皮容易引发人员绊倒危险，固定不锈钢表皮的碰钉由于松动易产生异响，引发人员恐慌。

解决措施：更换楼层板。

失效模式六：各盖板花纹未对齐，影响美观。

解决措施：拆卸花纹未对齐的盖板，左右调整检修盖板与相邻盖板的位置，直到花纹对齐为止，如图 3-30 所示。

图 3-30　花纹对齐

二、曳引机防护罩维护保养

1. 检查方法

风扇罩上方有通风孔系列，目测风扇上方是否有垃圾或灰尘堆积，检查风扇罩打开开关是否有效。

2. 失效状态的识别与处置

失效类型：风扇罩结构失效。

失效模式一：风扇罩上方有通风孔系列，通风孔处存在异物，导致风扇运行存在异响、卡阻。

解决措施：清除风扇罩内的异物。

失效模式二：风扇罩严重变形，导致风扇运行存在异响、卡阻。

解决措施：切断扶梯主电源，更换风扇罩。

失效模式三：风扇罩的固定螺栓（见图3-31）缺少或松动。

解决措施：补全风扇罩的固定螺栓，并拧紧固定。

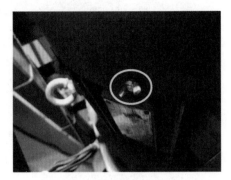

图3-31 风扇罩的固定螺栓

培训单元2 防夹、防攀爬及自动润滑装置维护保养

能够进行防夹装置的维护保养
能够进行防攀爬装置的维护保养
能够进行自动润滑装置的维护保养

一、防夹装置维护保养

1. 检查方法

目测检查防夹装置的刚性部件、防夹毛刷的毛刷端盖有无破损。

2. 失效状态的识别与处置

失效类型：防夹装置缺损。

失效模式：防夹装置缺失或损坏。

解决措施：安装或更换防夹装置。

二、防攀爬装置维护保养

1. 检查方法

（1）目测检查防攀爬装置外观是否完整、无破损，是否存在易刮伤人员的破损边缘。

（2）用手轻轻摇动防攀爬装置，查看防攀爬装置固定是否牢靠，是否存在人员掉落风险。

2. 失效状态的识别与处置

失效类型：防攀爬装置失效。

失效模式一：防攀爬装置外观破损。

解决措施：更换新的防攀爬装置。

失效模式二：防攀爬装置固定不牢。

解决措施：重新固定防攀爬装置。

三、自动润滑装置维护保养

1. 检查方法

目测检查自动润滑装置油罐内油位是否正常。

2. 失效状态的识别与处置

失效类型：自动润滑装置油位过低。

失效模式：自动润滑装置油罐内油位过低，导致供油异常。

解决措施：注入润滑油，并确保油位处于油罐的 1/3 ~ 1/2 之间。

培训单元 3　　主驱动链维护保养

培训重点

能够进行自动扶梯主驱动链的维护保养

一、检查方法

控制扶梯，开启上机仓盖板，进入上机仓，使用机房检修照明对以下项目进行检查。

1. 检查主驱动链条连接处的销轴是否出现金属粉末，销轴是否存在磨损。

2. 检查主驱动链条连接处的销轴外侧卡簧或开口销是否遗失。

3. 检查链条的链片内侧是否存在局部磨损。

4. 检查主驱动链是否出现明显抖动或张紧装置动作幅度过大。

5. 检查张紧装置是否有弹性。

6. 检查张紧装置侧面的限位螺栓是否松动，检查主驱动链断链电气安全开关固定螺栓是否松动。

二、失效状态的识别与处置

失效类型：主驱动链失效。

失效模式一：链条连接处销轴磨损，导致链条机械强度下降。

解决措施：将连接销轴取出，更换相对应的连接销轴。

失效模式二：链条连接处的卡簧或开口销遗失，链条连接不可靠，易引起断链。

解决措施：补全销轴卡簧或开口销。

失效模式三：主机位置调整不当引起链条长期咬链，导致链条严重磨损及机械强度下降。

解决措施：更换主驱动链。

失效模式四：张紧装置的压缩弹簧（见图3-32）发生塑性形变，张紧能力丧失。

解决措施：更换张紧装置。

失效模式五：张紧装置侧面的限位螺栓松动，导致张紧装置动作幅度过大，与主驱动链擦碰产生异响。

解决措施：调整并适当紧固张紧装置侧面的限位螺栓，如果发现限位螺栓遗失则需补全。

需要注意的是，在调整张紧装置的限位螺栓（见图 3-33）时，对螺栓的拧紧力度应适宜。力度过大导致限位螺栓施加在靴衬上的正压力增大，摩擦力增大，张紧装置无法压紧主驱动链从而无法实现张紧；力度过小导致限位螺栓易于松动，引起张紧装置与梯级擦碰。

图 3-32　主驱动链张紧装置的压缩弹簧　　　　图 3-33　主驱动链张紧装置的限位螺栓

失效模式六：主驱动链断链电气安全开关固定螺栓松动，导致电气安全开关失效，无法在主驱动链断链时有效触发。

解决措施：调整主驱动链断链电气安全开关与靴衬之间的间隙，并紧固固定螺栓，确保主驱动链断链时，电气安全开关有效触发。

培训单元 4　启停、显示装置维护保养

培训重点

能够进行自动扶梯启停装置的维护保养

能够进行自动扶梯显示装置的维护保养

知识要求

一、自动扶梯启停装置维护保养

1. 检查方法

（1）正常启动扶梯，检查警铃是否有提示音。

（2）针对变频低速扶梯，正常运行扶梯，作业人员按运行方向进入，扶梯应能加速运行。

（3）正常启动扶梯，检查运行指示灯是否破损，运行指示灯与运行方向是否一致。

（4）针对自启动扶梯，检查光电立柱与扶手端部之间是否封闭。

2. 失效状态的识别与处置

（1）失效类型一：警铃失效。

失效模式：启动警铃（见图3-34）没有提示音。

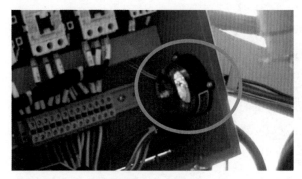

图 3-34 警铃

解决措施：切断扶梯主电源，检查线路，如果线路无故障，则更换警铃。

（2）失效类型二：人员出入的检测装置失效。

失效模式一：对射光眼失效，扶梯无法识别人员的出入，导致扶梯在无人员乘坐时仍以正常速度运行，不能达到节能的效果。

解决措施：切断扶梯主电源，检查线路，如果线路无故障，则拆除内盖板，更换对应的对射光眼。

失效模式二：漫反射装置或者雷达失效，扶梯无法识别人员的出入，导致扶梯在无人员乘坐时仍以正常速度运行，不能达到节能的效果。

解决措施：切断扶梯主电源，检查线路，如果线路无故障，则拆除出入口装置，更换对应的漫反射装置或者雷达。

（3）失效类型三：运行指示灯失效。

失效模式：运行指示灯破损，导致乘客无法正确识别扶梯运行方向而误入相反方向运行的扶梯。

解决措施：控制扶梯，拆除盖板，更换运行指示灯。

（4）失效类型四：光电立柱位置设置不当。

失效模式：光电立柱与扶手端部之间未封闭，乘客在光眼无法识别的范围内进入扶梯，扶梯无法提前自启动。

解决措施：通知扶梯管理人员对光电立柱与扶手端部之间实施封闭。

二、自动扶梯显示装置维护保养

1. 检查方法

（1）目测检查，运行方向指示应设置于自动扶梯或自动人行道的上下出入口，易于观测且清晰可见。在入口处（上行时在下部，下行时在上部）显示运行方向信号，在出口处（上行时在上部，下行时在下部）显示"禁止进入"信号。

（2）正常运行扶梯，对以下项目进行检查：双向转动钥匙开关盒上的钥匙，验证上下行运行方向是否正常，方向显示是否一致；钥匙开关盒显示方向的图案是否存在缺损。

2. 失效状态的识别与处置

失效类型：运行方向显示失效。

失效模式一：钥匙开关盒内显示方向与运行方向不一致。

解决措施：切断扶梯主电源，根据电气原理图，对控制柜内的相关线路与钥匙开关盒内的线路进行检查，修复存在问题的电气线路，确保钥匙开关盒内显示方向与运行方向相符。

失效模式二：钥匙扭转方向与运行方向不一致。

失效模式三：钥匙开关盒方向显示缺损，导致故障内容显示不正确或故障内容无法识别。

解决措施：控制扶梯，拆除内盖板，更换钥匙开关盒。

培训单元 5　梯级、梳齿、围裙板各运行间隙维护保养

培训重点

能够进行自动扶梯梯级与梳齿各间隙的维护保养

能够进行自动扶梯梯级与围裙板各间隙的维护保养

知识要求

一、自动扶梯梯级与梳齿各间隙维护保养

1. 检查方法

作业人员分别站立在扶梯上下梳齿板处，使用检修装置先后双向运行扶梯，目测检查所有梳齿不应存在磨损、断齿，梳齿与梳齿板固定螺栓应固定无松动。使用塞尺测量梳齿齿侧面与相邻的梯级齿侧面间隙为 0.5 mm<d<1 mm，如图 3-35 所示。若不符合要求，则需要左右调整梳齿板，确保梳齿啮合在踏板面齿槽的中心位置。

0.5mm<d<1mm

图 3-35　梯级距梳齿的间隙

2. 失效状态的识别与处置

（1）失效类型一：梳齿表面状态不佳。

失效模式一：梳齿断齿导致梳齿与梯级或踏板之间有异物进入，阻滞梯级运行，甚至引起乘客四肢（肢体）被挤夹的危险。

解决措施：控制扶梯，更换断齿的梳齿。在更换的同时，需注意梳齿板的梳齿与踏面齿槽的安装位置应相对居中，且梳齿与踏面齿槽的啮合深度不小于4 mm。

失效模式二：梳齿磨损变细导致异物滞留在梳齿与梯级齿槽之间，阻滞梯级运行，甚至引起梳齿板上抬开关意外触发，扶梯误动作。

解决措施：控制扶梯，更换磨损的梳齿。在更换的同时，需注意梳齿板的梳齿与踏面齿槽的安装位置应相对居中，且梳齿与踏面齿槽的啮合深度不小于4 mm。

（2）失效类型二：梳齿固定螺栓失效。

失效模式一：梳齿固定螺栓松动导致梳齿与梯级或踏板之间有异物进入，阻滞梯级运行。

失效模式二：梳齿固定螺栓松动导致梳齿与梯级间隙过小，引起梳齿与梯级刮擦或撞齿。

解决措施：控制扶梯，使用相应工具紧固梳齿的固定螺栓。在紧固前需注意梳齿板的梳齿与踏面齿槽的安装位置应相对居中，且梳齿与踏面齿槽的啮合深度不小于4 mm。

二、自动扶梯梯级与围裙板各间隙的检查与维护

1. 检查方法

（1）控制扶梯，从下端部往上依次对梯级与围裙板之间左右两侧的间隙逐个进行检查，重点检查端部过渡曲线段围裙板间隙超差和上下端部围裙板间隙超差。梯级、踏板与围裙板之间单侧水平间隙不大于4 mm，两侧水平间隙之和不大于7 mm。在检查梯级、踏板与围裙板之间的间隙超差时，还需要确认围裙板与桁架固定螺栓是否松动。

（2）控制扶梯，从下端部往上依次对相邻两围裙板之间的水平间隙进行检查：检查围裙板对接处平面度超差，左右相邻两围裙板对接处的平面度应不大于0.2 mm；检查围裙板是否存在中间局部间隙变小的情况，检查围裙板垂直度。

（3）检查梯级、踏板与围裙板之间的间隙超差时，需要确认围裙板对接连接

板螺栓是否松动。

2. 失效状态的识别与处置

（1）失效类型一：围裙板与梯级之间的间隙不良。

失效模式一：端部过渡曲线段、上下端部围裙板与梯级之间的间隙过大，引发挤夹危险。

失效模式二：端部过渡曲线段、上下端部围裙板与梯级之间的间隙过小，导致围裙板与梯级刮擦。

解决措施：控制扶梯，拆除盖板，松开围裙板对接连接板螺栓，调整围裙板的安装位置，使围裙板与梯级之间的单侧水平间隙不大于 4 mm，如图 3-36 所示，两侧水平间隙之和不大于 7 mm，调整完毕后再次紧固螺栓。

图 3-36　梯级距围裙板的单侧水平间隙不大于 4 mm

（2）失效类型二：围裙板状态不良。

失效模式一：围裙板对接平面度超差导致与梯级的间隙超差甚至与梯级相撞。

解决措施：控制扶梯，拆除盖板，松开围裙板对接连接板螺栓，调整围裙板的安装位置，使两围裙板对接处水平度控制在 0.2 mm 范围之内。

失效模式二：围裙板的碰钉掉落，导致围裙板松动，引起围裙板与梯级的间隙局部变小，与梯级刮擦，甚至与梯级相撞。

解决措施：重新焊接碰钉螺栓，控制扶梯，拆除盖板，松开围裙板对接连接板螺栓，调整围裙板的安装位置，同时需注意与梯级的单侧间隙不大于 4 mm，两侧间隙之和不大于 7 mm。

失效模式三：围裙板垂直度超差导致围裙板与梯级之间的间隙超差。

解决措施：控制扶梯，拆除盖板，松开围裙板对接连接板螺栓，根据检查结果对相应的裙板进行调整，使用水平靠尺测量垂直度不大于 1/300 mm，同时还需要注意与梯级的单侧水平间隙不大于 4 mm，两侧水平间隙之和不大于 7 mm。

（3）失效类型三：围裙板固定机构失效。

失效模式：围裙板对接连接板螺栓松动导致围裙板松动，围裙板连接不平整、相邻两围裙板之间的拼缝超差、围裙板与梯级之间的间隙超差，引起围裙板与梯级刮擦或挤夹异物的风险。

解决措施：控制扶梯，拆除盖板，松开围裙板对接连接板螺栓，调整围裙板的安装位置，使其与梯级的单侧间隙不大于 4 mm，两侧间隙之和不大于 7 mm，紧固螺栓。

理论知识复习题

一、判断题（将判断结果填入括号中。正确的填"√"，错误的填"×"）

1. 对编码器、电源箱、控制柜内接线端子进行紧固作业前，应切断电梯电源并验电。 （　　）

2. 只要确认层门自动关闭功能正常，就能对层门门锁紧状态和层门门扇间隙进行调整。 （　　）

3. 对重块应自上而下或自下而上按顺序编号。 （　　）

4. 门锁锁紧元件的锁紧间隙应在 2～3 mm 之间。 （　　）

5. 自动扶梯的检修盖板和楼层盖板应只能通过钥匙或专用工具开启。

（　　）

二、单项选择题（选择一个正确的答案，将相应的字母填入题内的括号中）

1. （　　）不属于对重装置的检查。

A. 检查对重块压紧螺栓，确保对重块被压紧

B. 检查对重框与对重缓冲器间的缓冲距离

C. 用力摇晃对重块，检查对重块固定是否可靠

D. 确认对重块外形完整无破裂，且水泥未出现风化

2. 自动扶梯的梳齿与踏面齿槽的啮合深度不小于（　　）mm。

A. 4　　　　　　B. 5　　　　　　C. 6　　　　　　D. 7

3. 自动扶梯的梯级、踏板与围裙板之间两侧水平间隙之和应不大于（　　）mm。

A. 4　　　　　　B. 6　　　　　　C. 7　　　　　　D. 8

4. 乘客电梯门扇与门扇、门扇与门楣、门扇与立柱之间的间隙（　　）。

A. 不大于 8 mm　　　　　　　　B. 不小于 4 mm，不大于 8 mm

C. 不大于 6 mm　　　　　　　　D. 不小于 3 mm，不大于 6 mm

5. 检查导轨润滑系统油杯内的油量，油位如果低于油杯高度的（　　），则应添加润滑油。

A. 1/3　　　　　　B. 1/2　　　　　　C. 1/4　　　　　　D. 2/3

理论知识复习题参考答案

一、判断题

1. √　2. ×　3. ×　4. √　5. √

二、单项选择题

1. B　2. A　3. C　4. C　5. B